生命唯愿爱与自由

小七 著

中国水利水电出版社
www.waterpub.com.cn
·北京·

内 容 提 要

在爱情面前，有的人因错过而悔恨一生，有的人因懦弱而悲哀一生，有的人因自卑而犹豫一生，有的人因怀疑而迷茫一生……生命唯爱与自由不可辜负。本书通过直抵人心灵深处的事例和发人深省的人生哲思，鼓励读者在爱情面前不再飘忽不定，不再苦恼不堪，以最大的努力去追寻自己的幸福。

图书在版编目（CIP）数据

生命唯愿爱与自由 / 小七著. -- 北京 : 中国水利水电出版社，2020.12
 ISBN 978-7-5170-9210-0

Ⅰ. ①生… Ⅱ. ①小… Ⅲ. ①心理学—通俗读物 Ⅳ. ①B84-49

中国版本图书馆CIP数据核字(2020)第239859号

书　　名	生命唯愿爱与自由 SHENGMING WEIYUAN AI YU ZIYOU
作　　者	小七 著
出版发行	中国水利水电出版社 （北京市海淀区玉渊潭南路1号D座　100038） 网址：www.waterpub.com.cn E-mail：sales@waterpub.com.cn 电话：（010）68367658（营销中心）
经　　售	北京科水图书销售中心（零售） 电话：（010）88383994、63202643、68545874 全国各地新华书店和相关出版物销售网点
排　　版	北京水利万物传媒有限公司
印　　刷	天津旭非印刷有限公司
规　　格	146mm×210mm　32开本　7印张　163千字
版　　次	2020年12月第1版　2020年12月第1次印刷
定　　价	46.00元

凡购买我社图书，如有缺页、倒页、脱页的，本社发行部负责调换
版权所有·侵权必究

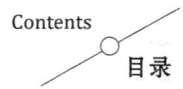

第一章

相信自己，
你值得拥有最好的

没有什么比爱自己更重要 _ 002

自尊自爱，没必要一味讨好他人 _ 005

活得真实，接纳不完美的自我 _ 010

女人若不会爱自己，等谁来爱 _ 015

取悦自己，是对生活的渴望 _ 020

碰到喜欢的东西，要自己买给自己 _ 024

每个女人都该做心理上的女王 _ 029

拥有好心情的女人能创造无限的幸福 _ 035

保持一颗年轻的心 _ 039

CONTENTS

第二章 02

沉淀心灵，
成熟比成功更重要

究竟是生活太苦，还是自己活得太累 _ 044

找个机会，让自己享受一下孤独 _ 049

让每一段旅程都变作心灵的历险 _ 054

你有"公主病"吗？ _ 058

不要被物质金钱所迷惑 _ 066

对于批评这件事，实在无须太敏感 _ 070

没有人会爱上你咄咄逼人的样子 _ 074

心胸豁达，别跟自己较劲 _ 079

遇事镇定，保持冷静 _ 083

别总是盯着你得不到的 _ 089

第三章 03

留点空间，
爱情不是人生的全部

留一点儿空白，像不爱那样去爱 _ 096

爱情是一场灵魂的博弈 _ 101

爱这个世界上所有的美好 _ 105

八分的爱情更平实 _ 109

感谢你赠我一场空欢喜 _ 112

女人学会爱自己，什么时候都不晚 _ 116

以最美的姿态，迎接属于自己的爱情 _ 122

CONTENTS

第四章 04

内外兼修，底气来源于你的实力

颜值即正义？第一印象很重要 _ 128

声音是女孩"裸露的灵魂" _ 131

认知自己，控制情绪 _ 136

角色变换：大女人还是小女人 _ 140

可以聪明，但别太精明 _ 144

做一个适度的完美主义 _ 148

以战斗的姿态迎接每一天 _ 152

女人经济独立，才有本钱谈人格独立 _ 156

第五章 05

一见钟情靠缘分，
细水长流靠智慧

创造属于自己的爱情传奇 _ 164

三思而行，不要为了结婚而结婚 _ 172

爱不应该变成沉重的负担 _ 177

少点儿唠叨，用倾听表示信任 _ 182

时光不会倒流，爱情覆水难收 _ 187

幸福的感情靠"经营" _ 192

长久的婚姻需要相互适应与包容 _ 198

抱着平常心，安稳地走下去 _ 203

寡味清欢，享受平淡的日子 _ 209

第一章

相信自己，你值得拥有最好的

没有什么
比爱自己更重要

有些女人,虽然没有倾国倾城的容貌,也没有魔鬼一样的身材,但到任何地方都能迅速成为引人注目的焦点,使许多男子前仆后继地来到她们身旁。

朋友李青就是这样的女人,她的"桃花运"特别好。

前些日子,下晚班的时候,她被人堵住,脸上被狠狠地掴了一掌。这是我第一次亲眼看到两个女人为一个男人在大众广庭之下大动干戈。不便插手,更不好开口,我们几个拉了拉她,让她快走。

这件事或许对她打击很深。休假几天后,她终于又来上班了,只是面色憔悴,不知道这几日她又遭遇了什么?她没有像往日一样神采飞扬,而是很平静地说了一些自己的事。令我最深刻的一句话是,"我把自己的全部都给了他,来赌一场爱情,是不是有点低贱？"

　　这也算是经历之后最痛的感悟吧！我除了倾听，便只有沉默。

　　女人爱幻想，世人皆知，特别对爱情。精明的男人抓住了这一点，不断给女人灌迷魂汤。女人从此踏入了万劫不复的情网。

　　一个男人可以不接受一个女人的爱，可是却往往不会拒绝这个女人的身体。也就是说，对于男人而言，情和性，是可以分离的，没有必然的纠葛。女人则不然！如果你愿意把自己当资源，别人就会消费你。男人对于自己不爱的女人，不过是一场游戏一场梦。大多数男人不会因为和某个女人发生了关系，就爱上她。和你继续保持亲密关系，是因为他无需做太大的投资和冒险，甚至只需动动嘴皮子，就可以坠入温柔乡。

　　对于男人而言，爱或者不爱，这是一道简单的数学题，泾渭分明，毫不模糊。到底迷恋一个身体还是爱一个人，他们心知肚明。

　　无论我们如何表示，最先退出的那一方，一定是爱得不够。至于那些吃着碗里，盯着锅里的偷腥男女，不过是吃完正餐后，再吃点甜点，用来消遣多余的时间罢了。

　　出来游戏的男人，一开始就是设好底线的，一旦触及，他便转身离开。但女人似乎恰好相反，总会心存幻想，不断降低底线，以致完完全全地交出自己，以期待得到同等程度的回应，却总是徒劳。

你害怕失去一个男人的爱，就卑微地交出所有，苦苦祈求，实则贬低了自己。说一千道一万，实则一句话：不必让自己低到尘埃里。有时两情相悦尚且换不来天长地久，以低微的姿态祈求来的感情又能保质多久？我们应该知道，没有什么比爱自己更重要。女人，守护好你的心，看护好你的身体。你若看轻自己，谁还能看重你？！

自尊自爱，
没必要一味讨好他人

《被嫌弃的松子的一生》是日本作家山田宗树的一部小说，后被改编成电影。故事中的女主角松子，简直成了告诫和提醒女人要自尊自爱的典型。

故事里有这样一个情节：松子的妹妹因为常年卧病在床，父亲对她照顾有加，几乎把所有的心思都放在了那个生病的小女孩身上。松子不理解，她也希望能够得到父亲的爱。一次偶然的机会，她做了一个搞怪又搞笑的鬼脸，逗得父亲哈哈大笑。她试了几次，很有成效。自那以后，她便把做鬼脸当成了自己的招牌动作，遇到可怕或难堪的事情时，就会做这样的动作。

长大以后，她依然刻意讨好着周围的人，在爱情里更是卑微，就算被男友大骂，每天提心吊胆地过日子，也不肯离开，还在奉献着自己。影片中说，她所给予的是"上帝之爱"，她所有的努力讨好，不过是不想一个人生活。可最后呢？没有人同情她，珍惜她。她在孤独与可怜中死去。

真希望，每个女人都能从松子的人生悲剧里领悟到一些东西。也许，我们都不会有和松子一样的遭遇，可那种刻意讨好、用卑微的姿态博取他人好感的事情，却总能在生活的细微角落里找到。也许，你希望对方可以成为你的知己，所以迁就着他的每种情绪；也许，你希冀着他人能赞美自己，违心地做着自己不喜欢的事，收敛着自己的真性情。可是结果，就跟松子一样，并不能让每个人都对你满意。

从小到大，受父母和环境的影响，她一直生活在纠结里。她已经记不清，到底从什么时候开始，自己竟然不知何谓快乐，每天只是为了讨好别人活着。只要别人能满意、能开心，她就会倾心尽力去做，哪怕是她讨厌的事。

结婚后，她依然是这样。为了孩子和丈夫，她不停地忙活，除了顺从就是受气，每天过得提心吊胆，生怕说错话、做错事。老公若是开心，她就会长舒一口气；老公若是绷着脸，她就不敢大声言语。她就像一只木偶，麻木地活着。丈夫总是疏远她，孩子也不愿意和她多讲话。这样的日子，让她倍感压抑，自己付出了那么多，到底是为了谁？

绝望的时候，她在网上给一位心理医生留言说，她想一死了之。心理医生收到消息，马上打电话给她，说要跟她面谈。她没有拒绝。或许，她并不是真的想结束生命，她只是压抑了太久，希望有人理解。

在心理医生的开导下，她说出了自己的成长经历。她父亲是个保守又严厉的人，不允许她出去玩，也不允许其他伙伴到家里找她，自己稍不留意就会招来打骂。她已经记不清楚自己挨过多少次打骂，只记得很多次她在睡梦中被父亲的打骂声惊醒。父亲的坏脾气，让她慢慢学会了顺从，学会了隐藏，学会了讨好。

在别人面前，她很少讲话，只是尽力去做事。在学校里，唯有学习能给她一点儿安慰。老师和同学喜欢她，可很少有人知道，为了让别人高兴，她曾经无数次地委屈自己，明明做着不喜欢的事，却还要装出开心的样子。

大学毕业后，她依照父母的意思，相亲结婚，过起平淡的日子。起初，丈夫对她呵护有加，可如今却疏远了她。看到丈夫和孩子与自己不亲近，而别人的家庭其乐融融，她实在无法面对，因此活得越来越痛苦。

她说起，为了讨好别人做出过怎样的努力，为得到别人认可怎样委屈自己，多么担心别人不喜欢自己，多么害怕遭到抛弃。

心理医生告诉她，正是这种心情和做法，让她在生活里受尽了折磨。她不懂什么是爱,也不知道怎么去爱,只是在努力地讨好别人。做这些事的时候,她已经失去了自己。为了遮掩自己的内心,刻意压制着各种情绪,外在和内在的自己不停地争斗,在自伤的同时也被亲人疏远。

多么悲哀的女人!为了讨好别人,承受着不必要的委屈和伤痛。

女人要跳出别人的视线,跳出别人的世界。当别人疏远自己的时候,认真考虑:究竟是自己的问题,还是他人的问题?有错的话就不要找借口逃避,没错的话就抬头挺胸做自己。你若只顾讨好别人,连自己都忽略了,你还如何有能力去照顾别人?

做事之前,想想自己到底是心甘情愿的,还是被迫勉强的。想想现在做了,日后会不会后悔。如果是真心想去做,那么自然会做得很好,彼此都快乐;如果自己并非出自真心,能够付出的也有限,那就不要强迫自己。就算有人说你不好,也不必太介意。

讨好别人,是一件没有意义的事。就算你再怎么努力,也不能方方面面都让别人满意。与其如此,不如讨好自己。讨好自己,并不是教女人自私,而是学会"保护自己"。流言蜚语任它去,在心里设置一道隔音的墙,不让它扰乱自己的心智;烦躁压抑时,给自己找一个发泄的途径,买件礼物,享受美食,看场电影，都可以；受挫的时候，允许自己哭，允许自己闹，然后再好好安慰自己。做女人，这一辈子都要冷暖自知，唯有爱自己，讨好自己，才能培养出开朗自信的心境，坦然面对所有，不为外界的纷扰而痛苦。

活得真实，
接纳不完美的自我

克里希那穆提说过："你看，一朵百合或是一朵玫瑰，它是从来不假装的，它的美就在于它就是它本来的样子。"只可惜，世间许多女子没有读懂这句话。她们喜欢把眼光投向外界，去追逐自己所想象的那些美好的事物，而忽略自己的本性。有时，她们还会被外界的东西牵绊，不得不伪装自己，改变自己，最后迷失自己。殊不知，人生最美好的礼物，就是活出真实的自己。

也许你会问，怎样才算是活出了真实的自己？

高兴了你就笑，难过了你就哭，按照自己的方式生活，不企图变成任何人，接纳不完美的自己。这就是活得真实。超级名模萨沙没有出道时，有人问她："你最想成为谁？谁是你的偶像？"萨沙十分笃定地说："我没有偶像，至少现在没有。我了解我自己,我就做我自己。"这也是活得真实。

R是在单亲家庭里长大的,性格内向又特别敏感。她遗传了母亲的肥胖体型,一张婴儿肥的脸让她看起来比实际还胖。母亲个性传统,总觉着没必要在穿衣打扮上花太多钱,她一直对R说:"衣服够穿就行了,没必要一直买,也没必要太挑剔。"她总是按照这句话给R准备衣服,多半都是男孩子才穿的款式。所以,R从小到大很少跟其他孩子一起到室外玩,也很少跟朋友出去逛街。她内心害羞,也有点儿自卑,觉得自己跟其他人都不一样,不讨人喜欢。

28岁那年,她经人介绍,嫁给了一个大她几岁的男人。婚后的生活,并未让她有所改变。丈夫一家都很好,每个人都自信乐观。R试着融入他们的生活,可她做不到。家人为了让R变得开朗一点,积极地做每件事,可结果都不尽如人意,只会让R变得更加紧张和畏缩。有一段时间,她甚至不愿意走出卧室。R害怕丈夫发现自己是个失败者,每次跟家人外出的时候,都伪装得很开心,结果常常做得很过分。那段日子,R痛苦极了,失去了生活的勇气,不知道如何跟身边的人相处。

后来,有一件事改变了R。那天,婆婆跟R聊天,谈及自己如何教养孩子,她说:"不管事情怎么样,我总会要求他们,保持自己的本色。"保持本色,这四个字直戳R的心。

她终于明白，这些年为什么自己生活得那么累，因为她一直试着让自己进入一个并不适合自己的模式。快30岁了，她一直活在别人的圈子里，没有找到自我。

后来，R变了。她依照自己的个性生活，按照自己的喜好选择东西。不喜欢说话，就参加一些安静地活动，如瑜伽、舞蹈；喜欢亮色的衣服，就买来取悦自己。周围的人都说她变了，而她也是第一次感觉到如此清醒，如此喜悦。

女人早就该懂得一个道理：幸福的人生，就是要保持本色的生活，尊重原本的自己。有缺点不要紧，但别刻意为了改变而改变。当然，要活出一份真实，就要从内心深处重视自己，看清自己的价值，珍爱与众不同的自己。

女孩从小生长在孤儿院里，内心很自卑，看到别的孩子叫着爸爸妈妈，她更觉得自己没有可爱之处，不然的话，父母为何要将她丢弃在医院的走廊里？她难过地问院长："像我这样没人要的孩子，是不是走到哪儿都不会有人喜欢？"院长看着她那双清澈的眼睛，没有回答她的问题，而是说："过几天你就明白了。"

几天以后，院长送给女孩一块石头，对她说："今天，我带你去集市上，你来卖这块石头。可是你要记住，不是真卖，不管别人给多少钱，你都不要卖。"女孩点点头，心里却很困惑：

"一块石头，真会有人要吗？"

女孩蹲在市场的角落里。不多时，有几个人上前询问，想要买她的石头，给出的价钱也越来越高。女孩很高兴，冲着不远处的院长笑笑。

第二天，院长要女孩拿着石头到黄金市场去叫卖。结果，真的有人愿意出比昨天高出10倍的价格买下这块石头。

第三天，院长要女孩拿着石头到宝石市场去卖。神奇的是，石头的价格又涨了10倍，因为女孩不肯卖，买石头的人竟然认为是稀世珍宝。

女孩问院长："为什么他们愿意花钱买这块石头？"

院长说："生命的价值就跟这块石头一样，在不同的环境里就有不同的意义。一块普通的石头，因为你的珍惜，不肯随意抛售，就提升了它的价值，被人说成稀世珍宝。你和这块石头一样，只要你看重自己，不肯轻易否定自己的价值，那么别人也会像对待珍宝一样对待你。记住，看重自己，你是独一无二的，最珍贵的。"女孩记住了院长的话，从此对自己非常珍惜。

其实，这个道理适用于每个女人。把自己视为不起眼的石头，还是珍贵的宝石，就是不爱与自爱的差别。一位老人的笔记本上有这么一句话："不必在意别人是不是喜欢你，是不是公平地对待你，更不要奢望人人都会善待你。"做真实的自己，关爱自己，不是狭隘的自私，而是一种自我实现的价值感，是真心实意地认定自己有价值，努力活出自己的风采。

爱默生说过："你总有一天会明白，嫉妒是毫无意义的，而模仿他人更是无异于自杀。不论好坏，每个人都必须保持自己的本色。虽然广袤的宇宙中全是美好的东西，但除非他努力耕耘那一块属于自己的土地，否则他绝不会有好的收成。"但愿，这番话可以被每个女人深记在心里。

女人若不会爱自己，
等谁来爱

在一场成人礼上，一位单身妈妈在给十八岁女儿的礼物中夹杂着这样的忠告——

也许你现在还不明白，但终有一天你会明白，青春是女人最宝贵的财富。我希望你对自己好一点，多享受年轻时的时光，不要太无情，不要反对自己，不要怨恨自己。不管什么时候，走到哪儿，有没有人爱你，你都要记得爱自己。

一席温暖而受用终身的话，包含着母亲的用心良苦，也是走过岁月沧桑的女人传授给不谙世事的女孩最宝贵的经验。作家梁晓声曾在一篇文章中写道："倘若有'轮回'，我愿自己来世为女人……我不祈祷自己花容月貌，不敢做婵娟之梦；我想，我应该是寻常女人中的一个。那么，假如我是一个寻常的女人，我将一再地提醒和告诫自己——决不用全部的心思去爱任何一个男人。用三分之一的心思就不算负情于他们了。另外三分之一的心思去爱世界和生活本身。用最后三分之一的心思爱自己。"

用三分之一的心思爱自己,这样的话,如何不教人动容?可是,有多少女人用三分之一的心思爱过自己?哪怕是四分之一也好。

女人的心思与情感细腻入微,这也注定在人生路上她们会比男人活得辛苦。嫁给了深爱的人,从此开始了牵肠挂肚的生活,为爱、为他、为家付出全部的心思,不计较辛苦,不计较回报,只因那是自己的选择,只因那一份爱的承诺。每个月要承受生理期的疼痛,还要承受十月怀胎之苦,好男人可以理解这般体验,却永远无法感同身受。

或许,做这一切时候,女人从未有过半句怨言。可当岁月日复一日地带走了那些美好的年华,再也寻不到任何蛛丝马迹时,看到斑白的两鬓,看到岁月在脸上刻下的痕迹,还有那些未曾实现却始终埋藏在心底的梦之花时,有几人可以毫不犹豫地说一句:我这一生了无遗憾?

她温柔娇小,胆子不大,怕走夜路。每次上夜班,总是丈夫接送。自从有了孩子,丈夫想送她的时候,她总会拒绝,说自己不怕了。其实,那黑漆漆的夜,还是让她心惊胆战。可她更害怕的是,丈夫出门送自己,孩子醒来的时候会找不到父母,所以她宁愿让丈夫守在孩子身边。过去，她偶尔会住在单位的宿舍里，天亮了再回家；可现在，无论刮风下雨，她都要坚持回家，为了第二天给孩子做早饭。

对于家人的各种愿望，她心甘情愿地去满足。让丈夫穿得体面，给孩子买最好的用品，而自己心仪已久的那件外套，却始终展示在那家服装店的橱窗里。为了支持丈夫的事业，她承揽了所有的家务；为了满足孩子的兴趣，省吃俭用给他买钢琴。她付出了太多，也牺牲了太多。

她想不起，有多久没有去海边看日出了，有多久没有光顾自己喜欢的那家西餐厅，有多久没有为自己买一瓶钟爱的香水。直到有一天，她对镜独照，发现眼角竟冒出了鱼尾纹，乌黑的头发中也掺杂着一根"银发"。忽然之间，她发觉青春的尾巴都已经不见了，而自己在豆蔻年华里，从未真正地为自己活过。

大千世界，没有为自己活过的女人，没有真正爱过自己的女人，不只是她一个。只是，各有各的苦衷，各有各的重心。

28岁的"芭蕾雨"，在BBS里写到自己的感悟。

与初识的朋友泡茶聊天，本以为她年岁尚小，却不料已年过三十。真是汗颜，见到她，我才惊觉，原来我对自己是那么的不好。她皮肤细腻，略施淡粉，眼睛顾盼有神，一头秀发更是黑亮如瀑，青绿色的连衣裙外加一件白色镂空开衫，套着她娇小的身躯，怎么看都是清新可人的美女。再看我，长期的熬夜失眠让皮肤暗淡无光，眼角挂着细纹，眉毛不再高挑精神，眼底还泛着血丝。一身素色的便装，蜷在大班椅上。这些无疑都在传递着显老的信息。她说，唯有听到我爽朗的笑，才能感到一丝年轻的气息。我不介意这个性格爽直的女子的"提点"，我只是想对自己说一声"抱歉"。

四年前，我坚定地选择了开一家茶店，学经商，学茶艺，想在这一行里找到自己的价值。曾经，我在一个多月的时间里，瘦掉了15斤，经常每天只睡三四个小时，三餐也毫无规律。有时为了赶时间，我只用清水洗洗脸就到阳光下暴晒，回到家后倒头睡去，从未想过护理一下自己的皮肤。我没时间也没有心情逛街，去为自己买两件漂亮衣服，总是等到有需要了才去买，大多时候都是在为家事、为生意、为生活、为别人操劳。

细细数来，我竟然对自己犯下了这么多的"罪"，也遭受了"报复"——看起来显老，气色不佳，每逢阴雨时节，腰疼得无法言说，贫血、失眠、烦躁、坏脾气……这些问题影响着我，也影响了我的生意。再细想，我有多久没和他出去看过一场电影，多久没有依偎在他怀里感受一下小女人的幸福？

这一切好可怕，而如此可怕的事，竟然真的发生在我身上。我从什么时候开始不再关心自己，不再爱自己了？我在微博里转发"女人若不会爱自己,等谁来爱"的时候,我对自己又做了些什么?

弗朗索瓦丝·萨冈曾说:"总是有这样一段年纪,一个女人必须漂亮才能被爱;也总是会有这样一段时间,她得被人爱了才更美丽。"每个女人都该将这句话铭记于心。唯有懂得精心地爱自己,才不会畏惧岁月这把无情的雕刻刀,才会在岁月中慢慢焕发出美如珍珠的光华。

如水的流年里,累了就停下来歇歇,难过了就蹲下来抱抱自己,冷了就给自己一点温暖,孤独了就为自己寻一片晴空。学会好好爱自己,你若不爱自己,没有人会更爱你。

取悦自己，
是对生活的渴望

世间有多少女子，曾为博萧郎一回眸，精心地妆扮自己，想用不落流俗的美换得共婵娟的梦。可惜，那般刻意的取悦，未必都能换来"执子之手，与子偕老"的结局。当萧郎成为陌生，又有多少女子开始自怨自艾，放弃了美丽的权利，放弃了悦己的姿态。待到红颜老去，蓦然回首，才发觉此生从未好好欣赏过自己的美，这一生都在为取悦他人而活。

某知名女性杂志有一期专访的话题是：如何爱自己，做一个快乐的女人？

一位睿智的女子毫不犹豫地答："女为己悦而容。让自己时刻保持美丽的姿态，是女人疼爱自己的方式，而不是为了取悦谁的青睐。"不得不说，这真的是一个懂得爱自己又很会爱自己的女人。

她不怕变老，也不怕自己不够好，更不怕别人的不欣赏。她说："人不可能完美，别人批评我的不完美时，我会一笑置之。我开心我所拥有的，就算无人欣赏，我依然每天打理自己的外表，充实自己的内心，不用在人前活得精致，在人后变得邋遢，我不为取悦谁而装扮，也不为了让谁开心而活。我爱我自己，我的美丽，只是对自己负责。"

她主宰着自己的容颜。主宰着自己的生活，主宰着自己的世界。单身的她甚至略带调侃地说，就算全世界真的没有哪个男人爱上她，她依然会让自己美丽地活着。她坦言，打扮自己的时候，心情很好，哪怕只是穿了一件喜欢的内衣，一双鞋，洒了最爱的香水，她也会由内至外地体会到幸福。这种幸福，不是为了去吸引谁，而是在装扮中发现自己的美，唤醒生命里的自信。自信的女人，不管长得漂不漂亮，也是美丽的。

世上没有丑女人，只有不懂经营美丽的女人；世上也没有不幸的女人，只有不懂得取悦自己的女人。每个女人都有美丽的权利，即便留不住岁月，也要悉心经营自己的容颜，让自己美丽的活着，在爱自己的同时感受着做女人的美好。

Effie长着一张精致的面孔，笑起来时有一对浅浅的酒窝，甜美而洋气。她经营着一间小小的书店，里面的装饰像她一样，清新可人。每个周末，总会有个阳光帅气的男孩光顾这里，久而久之，他们成了朋友。熟悉之后，天南海北地聊着，互诉过心烦的事，也有意无意地说起过理想的对象。

男孩说，他喜欢女孩留长发，穿淡绿色的裙子。Effie把这番话记在了心里。从那天起，她没有再剪自己的马尾，她悄悄地把书店的壁纸换成了浅绿色，桌上放了几盆绿萝。这一切，改变得悄无声息，让人难以察觉。

两年后，一个阳光明媚的午后，男孩领着一位女孩走进了书店。他略带羞涩地介绍，说那是他的女朋友。Effie微笑着和女孩打了招呼，内心却充满了不解。女孩一头清新的短发，穿着一件粉色的T恤，一条白色的短裤。这一切，和他当初说的完全不符。原来，遇到了对的人，一切假设的条件都会自动屏蔽。

那天，Effie早早地关了门。她看着书店里的装饰，看着自己身穿的那件绿色布裙，沉思许久。一周之后，男孩又来光顾书店。他发现书店焕然一新，墙上是仿古砖的壁纸，音乐是《卡萨布兰卡》，桌上的绿萝不见了，取而代之的是淡雅的雏菊。焕然一新的不只是书店，还有Effie，她穿上自己最喜欢的宽松白衬衫，头发随意扎起，蓬松而不凌乱，又是初见时那副随意而慵懒的小资调。他突然说了一句："你今天看起来很不一样。"

是不一样，因为这样的情调，这样的装扮，是Effie最钟爱的，是她为了取悦自己精心酿制的礼物。她终于明白，不管遇到谁，不管他爱谁，都不能阻挡为自己而活、为自己而美丽的脚步。Effie在书店的每张小桌上都放着一个崭新的留言本，其中一个本子的首页上印着一行隽秀的笔迹——

女人要学会宠爱自己，宠爱自己的外表，宠爱自己的内心。电影《非常完美》里说，恋爱中的女人是傻子，失恋中的女人是疯子。这些状态都是女人不爱自己的表现，男人喜欢的永远都是那些珍爱自己的女人。

一位国外知名女星说过："我不怕自己变老，我获得的智慧和成长是上帝送给我最好的礼物，我不感叹青春的流逝，我只想让自己成为无论几岁都是这个年纪里最棒的女人！"爱自己和懂得取悦自己的女人，无论走到生命的哪段时光里，都是最好的状态。

取悦自己，是对生活的渴望，是积极的活法。适时地放下那些无谓的琐事，穿上自己喜欢的衣服，化上精致的妆容，坐在咖啡厅清净的一角，品尝一杯浓香的咖啡，享受它温暖的味道。此时此景，伴着迷人的眼神，浅浅的微笑，轻柔的言语，飘然的步态，找回做女王的姿态，抹去岁月在脸上留下的痕迹，透出那一抹高贵凛然的气息。

碰到喜欢的东西，
要自己买给自己

安妮宝贝说："要做一个内心强大的女子。碰到喜欢的东西，要自己买给自己。不可以寄希望于男人，否则会失望，或者会不珍惜。"

M向往大朵大朵的红玫瑰，望着电影里那一幕幕真情告白的场景，希冀着有一天能遇见一个目光深情的男人，抱着一束玫瑰突然出现在自己面前。29岁生日时，她收到了梦中的玫瑰，只是那送玫瑰的人并不是她所中意的人，想象中的那一份感动与骄傲，始终是镜中花、水中月。

此后，M再没有疯狂地期盼过谁送玫瑰给自己，就连丈夫也如是。想要花香的时候，她会自己到花店买一束清新的百合，放在喜欢的竹藤圆茶几上，随时嗅一嗅它的芳香，提醒自己做个幸福的女子。她享受那一份买花给自己的情调，带着丝丝的浪漫，透着微微的感动，漾出缕缕的温暖。这是一个女人给自己的一份心疼、一份宠爱、一份慰藉，也是一个女人在物欲横流的时代中，留在心底深处最柔软的生活情调。

Z看上一条精美的锁骨链，但她总觉得，这样的东西不能自己买，要心爱的人送给自己才有意义，才能切身地感受到被爱的幸福。于是，Z在他面前无数次地念叨，希望他能机灵一点，主动买给自己。可惜，粗心的男人不懂Z的心，他以为Z只是败金，却不知她要的是那份心情。

终于有一天，Z央求着他陪自己去珠宝店，买回了那条隔着橱窗看过三五次的铂金锁骨链。可是，戴上脖子的那一刻，她完全体会不到任何的心动与满足，反倒是那枚花了自己一个月工资买来的红宝石戒指，更让她觉得温暖与骄傲。

之后，每每被人问及这两件首饰是谁送的，她蓦然发现，说爱人送的像是在炫耀，说自己买的却能赢得羡慕。是啊，自己买给自己，这是一种多么高傲、多么美丽的生活姿态！

J想去西藏布达拉宫，感受一次心灵的净化。从未独行过的她，希望有双强而有力的手，拉着她去看看外面的世界。遇见他的时候，他信誓旦旦地说，会带她去想去的地方，看想看的风景。可惜，承诺总是有口无心，从陌生互有好感走到至亲之人时，曾经说过的话，他已经不记得了。没时间，没有钱，没兴趣，一切都成了失言的理由。

一个阳光明媚的日子里，J终于不再等待。她想起安妮说的那段话："为何要在茫茫人海寻找灵魂唯一之伴侣，自己是唯一伴侣，他人不过是路边风景，就如你坐在火车上，看得到风景在出现，消失，又出现，一直此起彼伏，那是因为你在前进。你只能带着自己去旅行。对他人，可以善待，珍重，但无需寄以厚望。没有人可以解决我们的内心。"是的，自己想要的，自己想做的，自己去实现。于是，她买了那张渴望已久的车票，坐上火车去拉萨。

V从未希冀过别人会送给自己什么，只是迫于生活的压力，想把更多的钱留下来，给孩子做教育资金，给丈夫开一家店，却吝于给自己买一件喜欢的东西。图书馆附近的琴行里，那架白色的钢琴，她从门口看过无数次，每次只停留几秒钟，便轻轻握一下拳头，阔步离开。

直到后来，她遇见多年未见的好友，那个温婉的女人请她到美容院放松。她第一次体会到，做女人真好。好友告诉她，未雨绸缪是一份负责任的生活态度，可是不能太甚。女人这一生可以吃一点苦，受一点累，但是心不能苦，生活不能辜负。最好的生活方式，是一边计划未来，一边享受现在，哪怕只是小小的享受，也比熬成正果，坐拥豪宅，却只剩下一颗苍老的无法再享受的心要好。

走出美容院后，她又到了那家琴行，坐下来用那架白色钢琴弹了一首曲子。谁也没想到，一位30多岁穿着普通的女人，竟然能够弹得一手好钢琴。就连她自己都忘了，当年在大学读书时，她也是校内的文艺骨干。在悠扬的琴声里，她感谢与自己重逢的好友，若不是她，或许自己这辈子都不会再弹琴了，更不会想到，做女人要宠爱自己。

那天，她买下了那架白色的钢琴，当做送给自己35岁生日的大礼。虽然花了不少钱，可她的心却一下子变得从容了。她知道，真正的生活才刚刚开始。

女人，要学会为自己活着，更要学会为自己负责。紧张和吝啬会养成习惯，不要等到不能享受了，再来享受生活。喜欢一样东西，用自己的能力去得到没什么不合适。

想看一场音乐会，那就果断买票优雅地进场，只要在第一时间听到想听的声音，丰富生命的内涵，那就不算是浪费。想买一件蚕丝睡衣，那就在自己能够承受的条件下，为自己买一套，不要再把旧衣服当睡衣穿，它会让你感受不到生活的品质，也会让爱人觉得你没有魅力。想买一套护肤品，花一部分工资成全自己，脸上的钱不能太节省，青春是无价的，等有一天你有足够的钱了,想要再美美地保养时,却是花再多的钱也买不回娇颜了。

女人的幸福,冷暖自知。不要奢望谁能永远懂你的心,不要希冀谁能第一时间给你想要的生活。若真是想要一件东西,想体验一种情调,那就自己成全自己。自爱,无须等待。

每个女人都该做心理上的女王

张爱玲说:"女人在爱情中生出卑微之心,一直低,低到尘土里,然后,从尘土里开出花来。"

因为爱,她觉得胡兰成高贵、伟岸,觉得他是世间最好的男人,他的一切无人企及。遇到了他,她一次次地放低自己,把自己看成一朵渺小的花。他若看到了,她便心生狂喜;他若没有低头,她便永远地埋在尘土里。

一个充满才情的女子,一个冷傲倔强的灵魂,在遇到了所爱之人时,竟没有了飞扬与高贵,生怕自己哪儿做得不好而失去他;从上海跑到温州,低眉顺眼地坐在他跟前,只为和他说上五六个小时的话。她的低微与狂恋,让胡兰成胜利在握,在赞美她的时候,他一样赞美着其他的女人;与她在一起时,他也偷偷地与其他女人密会。

在这一场爱情的对决中,张爱玲输了。她输掉的不仅仅是所爱之人,还有那一颗高贵的心灵,和从容的姿态。爱到卑微,真的不是一件伟大的事。卑微换不来爱情,也换不来平等与尊重。爱再怎么可贵,也不足以让女人牺牲自己,放弃尊严。

相比张爱玲,玛格丽特·米切尔爱得更高贵。

玛格丽特生来就有一种反叛的气质。成年后的她,因为一时冲动,嫁给了酒商厄普肖,可惜这段婚姻不久便以失败告终。与其说是厄普肖的冷酷无情、酗酒成性毁了这段婚姻,不如说是玛格丽特在婚姻爱情观上的缺陷。她太迷恋厄普肖了,简直就是一副仰天崇拜的姿态,如此卑微的爱,助长了厄普肖的狂放不羁,他对玛格丽特越来越不在乎。

这场失败的婚姻,让玛格丽特明白了女人在婚姻中的平等性。之后,她很快振作起来,又与记者约翰·马什结婚。玛格丽特打破了当时的惯例,在门牌上写下了两个人的名字,她说:"我要告诉所有人,里面住着的是两个主人,他们是完全平等的。"更奇异的是,她坚决不从夫姓,这让守旧的亚特兰大社交界大为惊讶。

幸好,约翰·马什也提倡夫妻之间的平等。与他结为夫妇,是玛格丽特的幸运。马什一直支持和深爱着玛格丽特,在他的鼓励和支持下,玛格丽特开始她所喜欢的写作。十年之后,《飘》正式出版,她一夜成名。

在爱情里,同样不卑微的还有《傲慢与偏见》里的简和伊丽莎白。

简——班纳特家的大女儿——虽不是商家贵族出身,却从不卑微。从接到宾利妹妹的信,到去伦敦为了"巧遇"宾利却无果而归,再到宾利上门问候却没有任何表示,她燃起的希望一次次地被熄灭。可是,无论内心有多么煎熬,她看起来仍然波澜不惊。直到宾利鼓足勇气扔掉所有的客套与礼貌,大声表达他的愧疚与歉意时,她才感动地露出了笑容。在一个贵族男子跟前,她没有自卑,端庄温柔,坚守着"无论你是谁,我还是我"的淡定,着实令人敬畏。这一点,她跟简·爱有相似之处,不同的是,她的气质里更多的是淡雅。

伊丽莎白——班纳特家的二女儿——个性迷人。在那个只能靠嫁个有钱男人改变自我价值的年代,她坚守着自己的爱情观,不因出身平平而趋于权贵,也不用金钱衡量爱情,在傲慢的达西面前,她没有丝毫的自卑与怯懦。

爱得软弱而卑微的女子,永远不可能成为幸福的女人。因为她给自己挂上了卑微的名字,在感情里是一副讨好的姿态。可惜,这样的姿态,只能换来冷淡和忽视。你爱得越是卑微,越会加速他离开你的步伐，甚至利用你的爱，压榨你的金钱、柔情和各种社会资源，从中获益，然后再将你一脚踢开。

30岁的她，在海外工作，单身一人。

一次旅行中，她认识了他，一个40岁的单身男人。他是某公司的区域经理，常年在海外工作。当时，她对自己的工作不是很满意，留意到他所在的公司很好，便用心与他接触。旅行中，她帮了他的小忙，他也记住了她。之后，他们就在网上联系，又一起出去旅行了几次。渐渐地，两人关系熟了，她如愿地进了他的公司，并在他下辖的区域工作。

起初，她只是想利用他的关系，可接触多了，她发现他人品很好，周围的人对他评价也不错。就这样，她爱上了他。他对她也不错，知道她对自己的崇拜，工作上也很照顾她。看着他的面子，领导同事也照顾她这个新人。她弟弟出国留学，因为钱不够，他出了一半的学费。

他也有缺点，脾气暴躁。因为工作上的一点小差错，他就能把她骂哭。可他又不忌讳别人知道他们的关系，常常当着同事的面让她去办一些私人的事。他很少与她交流感情，唯一的交流方式就是肌肤之亲，她觉得很受伤。因为，她已经把他当成了爱人，工作上帮不到他，可在生活上却极力地照顾他。

她从未直接表达过自己的爱,他也没有。她有点自卑,有男孩追求她的时候,她故意让他看到。可他,并不是那么在意。也许,是因为追求他的女人太多了。她心里明白,也许自己根本就不是他结婚的选择。他聪明沉稳,她迷糊幼稚。他出生官宦家庭,她却只是平民之女,他不会选择这样的女人做妻子,他的家庭也不会允许。

　　她经常会陷入痛苦之中。她想:为什么还要继续维持这段感情?为什么自己还要深陷其中?每次知道他与其他女人的故事时,她都会做噩梦。可是又要假装什么都不知道,因为他从未给过自己承诺,她怕自己的生气和嫉妒惹得他心生厌恶,最后让他们的关系结束得更快。

　　她把自己的故事讲给一位情感女作家听,问她该怎么办?女作家只回了一段话:"我爱得很安静,却从不卑微;我也会走得很干脆,但那不是绝望。作为女人,永远不要爱得卑微,只有把自己当成珍宝,男人才会珍惜你。"

　　后来,她决绝地辞职,离开。她对他说:"我爱不起不爱我的人,我的青春也爱不起。我的微笑,我的眼泪,我的青春,只想为我爱的也同样爱我的人挥霍。"

　　无论爱情还是婚姻,都需要平等和尊重。每个女人都该做心理上的女王,而不是灰姑娘。哪怕你再爱一个人,哪怕他真是高贵的王子,也要保持理智的头脑,保持一份做女人该有的骄傲,不要过分殷勤,也不要急于讨好。爱的不卑不亢,才能赢得男人的爱和尊敬,才能掌握爱情的主动权。

拥有好心情的女人能创造无限的幸福

女人大多是感性的,高兴的时候喜欢大笑,悲伤的时候喜欢痛哭。幸福安稳的日子一切都好,一旦发生什么意外,心情就会跌落谷底,甚至产生自卑、抑郁的情绪,整个人的气质都受到了影响。

其实,生活本身就如同一杯白开水:放点盐,它就咸;加点糖,它就甜。生活的质量要靠心情去调剂。物随心转,境由心造,烦恼皆由心生。生活中我们难免会遇到愤怒和悲伤的事情,但是好心情是自己创造的。心情的好坏、情绪的喜与悲,都取决于自己的心境。

拥有好心情的女人能创造无限的幸福。一个成熟的女人懂得理智地面对外在环境的变化。不管外部环境如何,她都会保持一种平和愉快的心态。

女人的心境不同，对身边事物的感受也不同。倘若我们选择安宁平和的心境，自然就不会感觉有那么多的烦恼。正如俞敏洪所说："我用矿泉水瓶灌了一瓶黄河水，想带回家留作纪念。刚灌完的水很浑，灌完后我把瓶子放在一边，走了一圈，回来发现那瓶水的四分之三已经非常清澈，只有下面的四分之一沉淀着泥沙。其实人生也不过如此，当你拥有一种能够坦然面对任何事情的心境时，你生命之水的四分之五就会变得清澈了。"

生活中，我们会遭遇遗憾，遭遇失败，遭遇挫折……心情难免会浮躁。这时我们一定要保持淡定。其实这些坏情绪就如这瓶水一样，静置时，是清澈的；但倒过来一晃，又会变成浑浊的。这就告诉我们——即使我们无法摆脱人生的痛苦，但也不妨碍我们快乐。怎样让自己快乐起来呢？答案绝对不是把痛苦消灭掉，而是要换一种心境，一种能够坦然面对任何事情的心境。这样，我们的生命就将会去除繁杂混沌，充满幸福和快乐。

即便是开了许多年的出租车，他仍旧认为自己的工作不好，天天抱怨钱少压力大，客人事儿又多，如此等等，甚至每天回家都要跟老婆大吵一架。直到有一天，他读到了一篇文章，讲的是一个人的心境改变了，他的世界也随之改变的故事。这位出租车司机若有所悟，决定按照文章里说的那样尝试着改变。

第二天一早，他把车子洗得干干净净，车内也打扫得一尘不染。每一位乘客他都热情礼貌地对待，他惊奇地发现顾客的态度竟都改变了，和从前大不一样。客人的温暖回报给了他莫大的鼓舞，之后，他在车里装上了可以任客人选择歌曲的音响，配上一些时尚的杂志……他尽心竭力地为每一位乘客着想，最后还评上了"的士之星"，和老婆的关系也渐渐和睦起来，一切都是那么的美好。

人的心境好了，头绪理清了，做起事来自然顺风顺水，处理事情妥当也在情理之中。相反，人在心神不宁、情绪糟糕的时候，做起事来就会频频出错，事倍功半。这时，我们不妨改变一下心态来理清自己的头绪。心境就是对待生活、对待人生的一种态度。乐观的心境成就快乐的人生，悲观的心境造成抑郁的人生。保持良好的心境，在人生不同的阶段修炼应有的心境，必然会让自己多一些开心和顺意，少一些烦恼和挫折。你的心态就是你真正的主人，拥有好心态，才能拥有更多的幸福。

决定一个人心情的，不在于环境，而在于心境。影响心境的因素有以下几个方面：

1.个人的价值观

一个人对世界的看法，对人生的领悟，决定了他的价值观。豁达的女人很少有烦恼，感恩的女人很少斤斤计较……女人要修炼出一种豁达的、积极向上的价值观，拥有成熟理性的智慧，才会每天都有好心情。

2.身边的环境

轻松和谐的环境会营造出一种让人安静舒心的氛围,让内心随之感到惬意与满足;反之,则会让人焦躁不安,产生压抑和郁闷之感。选择宁静的环境,营造良好的人际关系,都是有助于女人保持良好心境的方法。

3.人与事的影响

清晰的事业规划、良好的人际关系都有助于好心情的形成,使人保持良好的情绪状态。

保持一颗年轻的心

"人一简单就快乐,一世故就变老。保持一颗年轻的心,做个简单的人,享受阳光和温暖。生活就应当如此。"一句话道出了快乐的哲理。是啊!简单才能让人知足,知足就能让人快乐。

世间的事情原本都是很简单的,只是我们经常人为地把它们复杂化。有时我们认为事情若不复杂,就不足以显示自己的过人之处,于是把它搞得越来越复杂,兜兜转转之后才发现,这不过是一件很简单的事。其实生活没有那么复杂,只是你想得复杂了,内心才会多出些无谓的担忧,无形中把快乐遗忘了。

虽然这个世界不像童话世界那么美好,但也没有那么糟糕,也不意味着我们每个人都必须选择复杂地活着。美国作家丽莎·茵·普兰特说过:"当你用一种新的视野观察生活、对待生活时,你会发现许多简单的东西才是最美的,而许多美的东西正是那些简单的事物。"

英国著名的教育家罗素在一次课堂上,给他的学生们出了这样一道数学题目:"1+1=?"。当题目写在黑板上时,坐在底下的高才生们竟然面面相觑,没有一人作答。几分钟过后,还是没有人回答。罗素见状,毫不犹豫地在等号后面写上了2。他对学生们说:"1+1=2,这是条真理。面对真理,我们有什么好犹豫和顾忌的呢?"

罗素的一句话点醒了我们。没错!面对这样简单但真实的问题,我们不该犹豫和顾忌。生活简单就是快乐,欲望少一些,自由多一些,过自己的生活,不要与他人攀比。简单就是最好的幸福。

徐曼一直是个追求简单的女人,追求自然,不爱化妆,性格豪爽。一天,崇尚完美主义的堂妹徐玲神秘兮兮地告诉她:"姐,我带你去一个地方,让你当一天公主,保证会带给你惊喜。"于是徐玲拉着她去了一家美容院。几个小时后,徐曼已经变成了另外一个人。徐玲惊讶地说:"不愧是造型大师啊,堂姐经过这么一改造,完全变成大美人啦。你看面部的精致妆容,头上优雅的发髻,身上突显身材的礼服裙,脚上那充满女人味的高跟鞋。简直是完美啊!现在我们就可以出发了。"

徐曼紧张地跟在徐玲后面,看着大街上投来的各种目光,徐曼习惯地将头低下,上前挽着徐玲的手一直问:"你要干什么?要带我去哪里啊?"徐玲还是很神秘地回答:"去了就知道了。"

一进去,徐曼吓了一跳,这是传说中的名流宴会。因为堂妹是一家时尚杂志社的总监,所以自己会有这样的机会参加宴会。整个宴会,徐曼感觉很不自在,仿佛与这个圈子格格不入。女人们聊名牌、聊优质男人、聊美容、聊各国旅行……徐曼一句话都难以插上。看着不远处的堂妹正和别人聊得热火朝天,而自己却在时时担心裙子会不会走光,妆容会不会花掉,一天都在担心中度过,这样活着多累啊。晚上回家堂妹问她:"姐,这种生活很好吧?看,你今天多漂亮啊!"徐曼接过话来说:"这种生活还是不适合我。这种让人不安的生活对我来说实在太累了,我还是喜欢素面朝天,随性地活着。"

徐玲就好比一杯令人心醉的红酒,而堂姐徐曼则是一眼给人清爽的甘泉。两者都是生活中美丽的风景。但与精致相比,简单更令人活得自由。简单并不是不注重形象,并不是懒惰,并不是没有目标,而是一种心灵的简单。简单的女人一样很爱自己,她们会给予自己不可或缺的东西,但她们不会为了一个造型而花费几个小时的时间,这段时间她们可能听音乐、可能做运动,用这种方式充实自己。她们可能大爱休闲装,爱运动休闲鞋超过高跟鞋。

简单的心情就是让自己过得单纯。心情烦闷时，穿上运动衣裤，来个两千米慢跑，让自己出一身汗，再冲个热水澡；遭遇工作压力时，走到室外，对着蓝天白云，张开双臂，做几次深呼吸，大吼几声……开心了就笑，难过了就哭，没有必要遮遮掩掩。人生短暂，没有必要给自己的简单情绪贴上复杂的标签，越简单越会让人感到快乐。

让自己简单起来的有效方式有以下两种：

1.1加1就等于2

千万不要再将身边的任何一件事情复杂化。这时，你的快乐就会不期而至。

2.尝试以孩子的视角考虑问题

大人在社会上，经历了太多的磨炼，因此内心难免复杂化。世界上没有复杂的事，复杂的只是人心和欲望。尝试以孩子单纯的视角出发，你会发现世界上一切事情都是简单的，简单到有时候只需回答Yes或No就够了。

第二章

沉淀心灵,
　成熟比成功更重要

究竟是生活太苦，还是自己活得太累

女人是上帝的宠儿，它把美丽、温柔、善良、多情等美好品性毫无保留地交给了女人。有些女人读懂了上帝的恩宠，享受着悠悠的时光，在忙碌与闲暇的交替中感受着身为女人的美好；有些女人始终没能破译生活的真意，把各种有形无形的枷锁套在心上，沉重地过了一辈子。

多少女人曾经扪心自问：究竟是生活太苦，还是自己活得太累？

其实，生活本不累，累的是人心。可细想想，有谁要你过得如此辛苦，有谁强迫你如此忙碌？你只是给自己背负了太多的压力罢了。你以为自己足够坚强，足够有力，习惯把所有问题都自己扛；你以为今天走得快一点，明天就能离生活近一点，却忘了在你追赶着生活的时候，生活已经离你而去。

寂静的办公室,叶桑突然听见卓怡说了一句:"我感觉现在的生活已经不属于我了。"

这句话像一根刺,直接戳进叶桑的心,让她觉得疼痛万分。从她认识卓怡那天起,她就是一个雷厉风行的女子,如此消沉的话从她嘴里说出,实在令人意外。可卓怡的心情,她却能体会。

在公司里,她和卓怡都是一把手,每天最早到公司,午饭不知道几点吃,晚上更不知道加班到何时,还要全国各地跑客户,一天飞两个地方更是家常便饭。每天从睁开眼的那一刻开始,就有一堆事情等着她们处理。就在几天前,叶桑刚做了一个大项目,领导赞赏,同事羡慕,可她怎么也开心不起来,这份成功耗费了她多少心血,除了自己,没有人知道。

许多次,叶桑都曾陷入绝望中。看着公司里的年轻女孩,每天把自己打扮得漂漂亮亮,下班后不是去约会,就是找地方跟朋友唱歌。再想想自己,生活里似乎除了工作,就再没有其他的了。没空聚会,没空看书,没空旅行,没空玩乐,没空睡觉,没时间陪家人,也没时间照顾自己的身心。镜子里的那张脸,早就没了往日的润泽,机械的生活没有快乐,只有责任与付出。她突然觉得,银行卡里的奖金提成,在无人分享快乐或痛苦的状态里,丧失了意义。

在公司里做主管四年了，每天拖着疲惫的身体入睡，第二天睁开眼又不得不给自己打气。疲惫不堪、几近崩溃的时候，她经常会想起初入职场时的自己。清清爽爽地活着，爱笑，爱玩，敢说敢做，见不得逢场作戏。可如今呢？职场潜规则，还有一次次的跌倒、吃亏，让她逐渐收敛起真实的自己，休闲随意的衣装不见了，取而代之的是清一色深灰、墨蓝的刻板职业装，这些衣服曾经都是她最不喜欢的。

为了得到领导的信任，同事的认可，客户的满意，和一再要求提高的业绩，她变得愈发不苟言笑。这种强势的职场作风，被她不自觉地带回了家，跟爱人相处时，她也总是说一不二。爱人几次说过，她变了。其实，她自己又何尝不知，昔日那个小鸟依人的她，早已不见了踪影。拖着一副女强人的身躯，内心却是那样的无能为力。

就在叶桑发呆的时候，卓怡开始控制不住情绪，在QQ上倾诉："我心里有一个强烈的声音，总有一天我要远离眼前的生活。你知道吗？我恨死这样的日子了，讨厌这么多人，讨厌见客户，讨厌陪着笑脸，讨厌父母对我充满期待的样子。从小到大，我一直笼罩在父亲苛责的阴影里，母亲虽然不说什么，但也是对我充满期望。我总觉得，自己必须很优秀，才能不让他们失望。所以，再难再累我都坚持着，否则就好像自己真的很差。可现在，我是真的烦了，累了……有点扛不住了。"

叶桑看了，心里一阵一阵难过。她也想不明白，既然这么累，为什么还要坚持着？难道，人生除了工作，真的没有其他东西了吗？她回复了一个拥抱的表情，就没有再说话。在下一周开始之前，卓怡辞职离开了，叶桑也请了长假。这一次，她没有顾及领导的想法，也无所谓丢不丢工作。

从焦头烂额的忙碌中抽身而出，她一个人跑到了泰国，没有爱人的陪同，没有带孩子。在独自一个人感受风景和生活时，她突然发现，自己心里有个小孩，却从来没有被好好疼爱过，一直以来，她被责任、期望和金钱压着，连哭泣的声音都被压住了。她决定，以后要好好地疼爱他，疼爱自己。

活得太累，其实就是心累。短短一辈子的时光，若只停留在哀苦怨叹中，为了生活马不停蹄地奔波，样样都去计较，样样都想得到，岂不是自己为难自己吗？

女人不要活得太苦，不要为了巾帼不让须眉的坚强，强迫自己像上了发条的闹钟，一刻不停地运转。也许，在超负荷的工作中，你会收获金钱、荣誉和成就感，可是美丽、健康和幸福却未必与你同行。有一颗向上的心很美好，但也要懂得权衡得失。真正美好的生活，是有着前进的动力，也有时间去欣赏旅途中的风光，扮靓自己的容颜，让生命充满丰富的色彩，而不仅仅是黑与白。

女人不要活得太苦，要学会疼爱自己，学会享受生活的美好与乐趣，这也是生命不可或缺的内容。闲暇时，与三五好友出来大快朵颐；安静的夜晚，泡一杯清茶，在温暖的灯光下读一本好书。或者，什么都不想，什么都不做，悠闲地躺在藤椅上，看灯火阑珊，看璀璨星空，然后做一场美梦。

女人不要活得太苦，把所有问题都自己扛，亲人和朋友都是你的后盾。累了的时候，靠在亲人的肩膀上休息下；烦了的时候，找个朋友说一场。该坚强时坚强，该柔弱时柔弱，活出自己，活出快乐，做女人就该如此。

找个机会，
让自己享受一下孤独

电影《美食·祈祷和恋爱》中的女主角伊丽莎白，有着一个美国成功女性该有的一切，事业、物质、爱情，统统不缺。30岁的她表面看起来无比幸福，可实际上，她每天都生活在悲伤、恐惧和迷惘中，一颗心漂浮不定，不知所往。她说："从十五岁起，我不是在恋爱就是在分手，我从没为自己活过两个星期。"

不得不说，很多时候女人害怕独处。独处，意味着一个人面对所有，意味着悲欢喜乐无处倾诉，意味着可能会被人遗忘。所以，她们用忙碌、应酬、恋爱、玩乐来填补空洞的心灵，用吞云吐雾或酒醉微醺让自己感到满足，在特别的时刻因为忧伤投入某个男人的怀抱，甚至会因为迷恋某个熟悉的画面，让自己沉醉在回忆中，捱过痛苦的一天。这种迷恋会逐渐成瘾，让女人深陷其中，宁愿在群体中孤单，也不愿体验一个人的狂欢。

可是，人生终究是一场一个人的旅行。旅途中的许多光景，注定是要一个人欣赏；生命里的许多味道，注定是要一个人品尝。单身的时候，要一个人承受感情上的空白；有了伴侣之后，也不敢保证他终日陪伴在自己身边；就算是孩子，也会有离开庇佑、独立生活的那一天。

就像周国平在《灵魂只能独行》中写到的那样："灵魂永远只能独行，即使两人相爱，他们的灵魂也无法同行。世间最动人的爱，仅是一颗独行的灵魂与另一颗独行的灵魂之间的最深切的呼唤与应答。灵魂的行走，只有一个目标，那就是寻找上帝。灵魂之所以只能独行，是因为每一个人只有自己寻找，才能找到他的上帝。"

这个世上没有谁可以忍受绝对的孤独，但是绝不能忍受孤独的女人，就像被风吹拂的池塘，风不停，永远无法获得平静。女人不该害怕独处，更不该遗忘独处。独处会教你远离红尘，冷静地思考过与失，还能让你把自己放在一个适当的角度深刻解剖。在迷茫的时候，在生活始终处于一成不变的状况下，脱离现有的困境，暂时搁置沉重的压力、理不清头绪的问题、复杂的人际关系，给自己一个独处的空间，才能找到内心真正的平静。

独处的时候，你可以卸下所有的面具、包袱，彻底地放松，让心灵升腾出那份埋藏已久的情感秘密，细细梳理，细细品味，有温馨，有伤怀，有浪漫，有遗憾，品味之后再把它放回原处，一拿一放之间，快乐便油然而生。

独处的时候，你可以放纵自己的思想、情感，放松那根紧绷的心弦，抚平那些刺心的伤痛。可以流泪，可以呜咽，然后自我安慰，擦干眼泪，露出一抹微笑，继续前行。

独处的时候，你可以任由思绪天马行空，甩开种种枷锁与束缚，心平气和地做自己喜欢的事，静静地画一幅画，轻轻地哼一首歌，想起一张熟悉的面孔，打开日记本写写人生感悟，用人性的真善去洗涤灵魂。

一位女作家，出版了一本畅销书之后，一夜成名。此后很长一段时间，朋友们都联系不到她，打电话过去总是关机，家里的座机也无人接听。有人说，她是在故意摆架子，也有人说她是获得了名利就忘了朋友。终于有一天，她主动给朋友打了电话，接到电话的朋友诧异地问："你去哪儿了？是不是出国了？还是档期太满了？"女作家很神秘地说："我哪儿也没有去，我在家享受孤独。"

一位女白领，白天游走在熙熙攘攘的人群中，喧闹嘈杂的声音几乎要将她吞没。她最期盼的事就是夜幕降临，远离工作，远离吵闹，回到自己那40平方米的小窝。放飞自己的心，什么都可以想，什么都可以不想，捧着一杯香茗，慵懒地翻阅一本好书，写一段关于生活、关于情感的文字。在无声的房间里，关掉手机，远离现实，感受着一份清静，不需要谁来作伴，不担心谁来打扰。每到那时，她就觉得，这个世界属于她，她也拥有了整个世界。

一位女主妇，与爱人一起生活了十余年，彼此间熟悉得像左手和右手，不免会觉得有些乏味。偶尔丈夫出差，她便会感到轻松与兴奋，觉得属于自己的时间和空间来了。她把家里打扫得一尘不染，穿着最喜欢的睡袍，看着最喜欢的电影，和鱼缸的小鱼对对话，或者干脆坐在落地窗旁，眺望城市的夜景，静静地聆听时光流逝的声音，有时竟会莫名的感动。

从她们的故事里，你一定读懂了伍尔芙说的那句话——每个女人都需要一间"屋子"。这间"屋子"，其实就是属于女人自己的秘密花园。在这个特殊的空间里，你可以做自己想做的事，没有人打扰，没有人责怪，而开启这间"屋子"的钥匙，正是独处。

如果说一群人的世界是热情洋溢，两个人的世界是温暖浪漫，那么一个人的世界就是悠然自得，当然也可以无限精彩。回忆走过的岁月，你是否真正享受过独处的时光？你是否真的把自己当成过贴心的朋友，诉说着潜藏在心灵深处的秘密？

你若放弃了独处的机会，那就等于放弃了那一片精神的乐园。找个机会，让自己享受一下孤独吧！你会惊奇地发现，一个人的时候，可以用寂寞做一次短暂的小憩，抖落满身的尘埃，让心情沉浸在宁静悠闲中，换一份纯净与清澈，得一份莞尔恬静的淡然。你还会发现，一个人的时候，可以品味到人生的五味陈杂，抛却浮躁喧哗。到那时，你会真正地悟出，独处是一种享受生活的美，一种感悟人生的美，一种真性情的美。

让每一段旅程
都变作心灵的历险

　　穿梭在拥挤的人潮，时间久了，心灵亦会被蒙上一层厚厚的尘埃，压抑着人的情感，遮盖着心的方向，让人不知不觉迷失了自我。爱自己的女人，此时会给自己找寻一个宣泄的舞台，让自然的空气净化心灵，让自然的柔风细雨洗掉尘埃。

　　独自一人走在路上，看陌生的风景，遇陌生的人，那种充实与满足感，是一种特别的人生体验。那不是一场简单的行走，而是在行走中寻求精神世界的富足，借助行走的时光来感悟生活，感悟生命。找到了自己的精神世界，就不用再借助外界的一切来填补心灵的空虚。

　　年轻时，她以为自己要的，不过是一个体贴的丈夫，一个可爱的孩子。可是，婚后的她却发现，自己既不想要丈夫，也不想要孩子。人是自由身，心却置于牢笼，她像被什么东西拴住了一样,动弹不得。这种纠结,让她每天生活在悲伤、恐惧和迷惘里,除了累还是累。

某天清晨,她走在上班的路上,忽然下起了大雨。被大雨淋透了的她,突然忍不住大哭起来。她没有去公司,窝在家里躺了一整天。她脑海里突然想起一句话:"一辈子总该有那么一回,无所畏惧地背起行囊去独自旅行。"为了给自己足够的时间想清楚,她给上司发了一封 E-mail。她收拾好行囊,给丈夫打了一个电话,说自己想出去散散心。这一走,就是两个月。

她没有到其他的大城市,而是选择了清净的郊外。在那里,没有城市里的车水马龙,没有匆匆忙忙的步伐,一切都是那么自然,那么淳朴。她住在一间别致的农家院里,享受着纯天然的农家饭,偶尔骑车到附近的海边散心,或是跟着当地农民一起下田。晚上在房间里,她听着喜欢的音乐,看着自己喜欢的书,感觉到了灵魂的重生。

一个月的时间,她走进了自己的精神世界,洗涤了她那颗混沌的心。她突然发现,自己从来没有认真地享受过这份轻松惬意的心境。在旅行的日子里,她和自己的心进行了一次沟通,为躁动不安的灵魂寻回了久违的宁静。旅途结束的时候,她突然想起了丈夫,想起了自己的家。她萌生了一种想念的思绪,也终于明白,自己不是不爱,只是从前靠得太近,忘了给自己的心留一片缓冲的空白。

感觉生活太疲惫，理不清头绪，想暂时喘息一下时，不妨带上灵魂出去走走。只是，千万别以为生活在远方，奢望着在旅行中找到快乐。要知道，心灵上的束缚和压抑，不是换一个地方就可以改变的，你若不能在旅途中寻回自己的心，那么走得再远也是徒劳。女作家苏岑曾经说过一句话："走遍了全世界，也不过是想找一条走向内心的路。"想借助旅行缓解身心的疲惫，那就要明白旅行的"意义"，以及带着什么样的心去旅行。

真正成熟并懂得生活的女人，看风景用的不是眼睛，而是心灵。

惠子是一个始终"在路上"的女人，山水洞石、亭台楼阁、花草树木、飞禽走兽，自然中的一切在她眼里，都有钟爱的理由。不解的人总说，外面的城市有什么特别，灵隐寺没比家乡的寺庙高明多少，家门口的景区湖也不比滇池差多少，何必要跑那么远？这些年，这样的话，惠子听过太多。她不与之争辩，一笑置之。

山水湖泊，庭院阁楼，是有很多相似之处，可它们的气质不同，文化底蕴不同。有些女人去旅行是为了增长见识，丰富心灵；有些女人去旅行只是为了拥有炫耀的资本，告诉众人天涯海角我已去过，如此而已。惠子的旅行，更多的是心灵的充实，唯有文化底蕴深厚的地方才能留住她的脚步。她深信，真正懂得生活的女人,看风景用的不是眼睛,而是心。

旅行的日子里,惠子从不带相机,手机也总是关闭,她只想避开尘世的纷扰,理一理心中的荒芜,去一去世俗的浮躁,忘却生活的烦恼。坐在一望无际的海边,身处清幽的小径,站在一览无余的山顶,任由思绪天马行空,再归回心灵,体会到那个真正的自己。此种快意,无以言表。

旅行的日子里,不用看电脑,不用关注今天房价涨了没有,不用担心朋友会在"做梦"的时候用电话铃把自己吵醒。等到收拾好心情回去之后,才发现身边有了太大的变化,银行减息了,油价降了,男友加薪了……惠子淡淡地笑,生活,竟是如此惬意。

微博上流传着这样一段话:"人一定要旅行,尤其是女孩子。一个女孩子见识很重要,你见得多了,自然就会心胸豁达,视野宽广,这会影响到你对很多事情的看法。旅行让人见多识广,对女孩子来说更是如此,它让你更有信心,不会在精神或物质世界里迷失方向。"

也许,你不能走遍世界的每个角落,但你可以作出个性、富有魅力的选择,不管看什么样的风景,不管陪在身边的人是谁,不管是长途跋涉还是近郊小游,都要带着一颗爱自己的心上路,都要感受到灵魂的战栗,让每一段旅程都变作心灵的历险。

你有"公主病"吗?

"公主病"的说法最早流行于韩国,顾名思义,就是指有些女人觉得自己是公主,别人就应把她像公主那样看待。实际上,这是一种行为和心理上的幼稚表现。公主病的症状很难精准的定义,但还是不难得出大体的印象:心理年龄小;自恋,没有对自我客观的认识和评价,自我膨胀,自我为中心,一切都要围着她们转;自理能力差,没有抗压能力,一遇到麻烦就抱怨;情绪化,责任感缺乏,不会照顾别人的感受,或者根本没有能力感受他人的情绪。

"公主病"不是身体上的器质性疾病,像发烧、咳嗽、打喷嚏那样让人一目了然,对症开几种药吃吃就好。它也许不如身体上的病那么明显。对于一个患有公主病的女人来说,最可怕的不是这种"病"本身,而是患有这样的"病"却不自知。这样一来,承受着因这种病而导致的悲剧性苦果的女人根本就找不到根源，无法矫正自己的行为。那么接下来，就可以想象，这种"病"还会没完没了地发作，导致一个又一个悲催的轮回。

漂亮伶俐的小蕊，通过叔父的关系来到一家广告公司上班。叔父的战友是这家公司的老总，他很照顾叔父的面子，把小蕊安排到一个下属的部门做秘书。原本以为外表时尚、叔父又是军人、重点大学毕业的小蕊一定会把工作做好，可一个多月下来，老总却听到下属反映，说是希望小蕊到其他部门工作。通过了解，老总才知道小蕊根本不把工作当回事，迟到早退不说，如果有同事找她处理工作上的事，她都显得很不耐烦，说是不关她的事，让同事自己处理。她还告诉部门经理说，不要让某某进她的办公室，她不喜欢这个人。和她合作的同事出现一点小问题，她就把人家劈头盖脸地一顿骂。经理说让她注意，以后尽量不要迟到，她跟经理论起理来，还把手里的东西、桌子上的茶杯摔了一地，扬长而去。

老总含蓄地把小蕊的表现告诉了她的叔父，叔父才跟老战友交了底。原来小蕊是独生女，家庭条件特别好，从小娇生惯养。小蕊上的是重点大学的大专班，还是家里帮她办好的。在学校时的人际关系就特别不好，后来自己找了好几个工作都干不到两个月就被老板给炒了。她家人也是拿她没有办法了。叔父让老总别放心上，小蕊年龄也不小了，让她自己看着办吧。

果然,几天后,小蕊找到老总了,说自己不适合待在这里,她最适合的是自己当老板。后来,老总听小蕊的叔父说,小蕊缠着父亲和叔父让他们给自己投资开餐厅,说她好不容易有了自己的打算,却没人支持她。最终餐厅是开起来了,可没开几个月就关门了。

小蕊这样的女孩,算是把公主的习性发挥到了极致。"公主病"其实是一种习惯,而这种习惯的养成基本上是由父母、家庭的过度呵护、宠爱造成的。父母无节制的疼爱、包办一切的做法使这些女孩觉得这世界上的人都应该像父母一样无条件地爱自己,因而离开父母后的她们无论是和同学、同事,还是和异性相处,都很难顺利进行,总是说这也受不了,那也看不惯。乃至参加工作时,无法承担责任,无法与周围的人相处,工作马虎敷衍,表达意见口无遮拦,还当作展露个性,给所在集体带来损失。

患公主病还有一个重要原因。由于自身心理不够成熟,又受言情小说、影视剧、传媒中,对贵族、豪门出身的女主人公,或是影视歌明星奢华生活的渲染描述、追踪报道等影响,导致对自我评价的失衡。比如在她们的感觉中,自己的年龄要比实际年龄小,自己的容貌总要比实际容貌美,觉得自己是高高在上的"女王",别人都是"仆从",别人就该理所应当地宠着她,爱护她，随着她的性子。

　　最看重感情生活的女性并不知道，"公主病"看似不是什么大事，实则正把恋人推离自己的身边。不论什么时代，尊重、平等永远都是爱的基础。再热烈、真挚的爱情，也会在自大、傲慢面前逐渐枯萎。

　　湘湘说起自己的男友时总是一脸的优越感："能跟他我好，真是他八辈子修来的福气。他追我费尽了心思。他不是有钱人，却舍得为我花光一个月的工资，眼睛都不眨一下，就是这一点把我打动了。"两人在一起后，湘湘掌管着他的一切，他要做什么都要经过湘湘的允许。吵架了，哪怕半夜十二点湘湘都会把他赶出门，让他站在外面，忍饥受冻，只有接到湘湘的电话才能回去。湘湘生气了会动手，男友就在那里硬挺着任她打任她骂。时间长了，湘湘的男友不知不觉得了个绰号——"二十四孝男友"。湘湘觉得这个绰号很说明她的男友对她死心塌地，也让她在女伴们面前很有面子。她觉得即便全世界的人都背叛离弃她，男友都会一直在她的身边。

　　正当湘湘志得意满的时候，男友却郑重地提出了分手。他说湘湘根本不懂得爱，和她在一起，根本没有自我，就像是一个木偶。湘湘这时才意识到自己的毛病，后悔没有好好地珍惜一个肯为她付出的好男人。

自大与傲慢都是幼稚的表现。"世纪佳缘"网站的创办人小龙女就说:"人生持久的幸福绝非由金钱而来,而在于成熟的个性和健康的心灵。"

除了自大与傲慢,公主病在某些女孩身上更突出地体现着其他"未成年"的心理特性。

小崔与梅梅一见钟情。两人谈了半年的恋爱,感情很深厚,可是最近,小崔却在考虑与梅梅分手。

朋友问他是不是看上别的女孩了,小崔摇头说不是。小崔说:"我们很相爱。梅梅长得很可爱,是我喜欢的类型,刚开始觉得她哪儿都挺好的,可时间一长才发现完全不是那么回事儿。你不知道,她特别喜欢别人宠着她。如果她遇到什么不高兴的事,不管我有多忙,有多重要的事要处理,我都要第一时间出现在她身边,去安慰她、关心她。我跟她说人是要工作的,都有自己的事,不可能时刻在一起。她就说我不在乎她。她说办公室里的人钩心斗角,要我和她找个'桃花岛'那样的地方。我劝她别太幼稚,成熟一点,她就说我变了。两个人打电话,我先挂电话她就会生气,跟她解释她会说我一点也不体贴。一点点小事就大惊小怪,做个噩梦也要难过几天。我跟她说点什么现实的事情,她都说不理解……我对以后真的没有信心。"

从小崔对梅梅的描述中不难看出她身上的种种公主特性。

很多女孩都和梅梅一样活在自己的童话城堡里，不愿意面对现实的社会、多面的人生。这样不愿意长大、不懂事的女孩，也许开始男友会觉得很可爱，可到后来，爱的感觉一点点地少了，再后来就该像小崔这样考虑分手了。

尽管公主病在"公主们"的生活中酿成这样或是那样的苦果，有公主病或公主症候群的年轻女孩也不必有太多压力。在成人的世界里，"小公主"们因不成熟而付出一点代价是正常的。只要通过自己的努力，改变自己，很多事情都是可以避免的。

要治好这个病，就得对比下面的症状逐条诊治。在这里提醒一点，"公主病"有阶段性，初入社会、涉世未深是最容易发病的时候。

公主病的具体表现如下：

高贵——不愿意做粗活、累活、脏活。

懒惰——别人的事情她从来不关心，自己的事情却让别人做；喜欢睡懒觉，不能走远路。

胆小——遇事大惊小怪，不敢独自做一件事。

严格——对别人要求很高，很苛刻，对自己要求却很低。

天真——爱幻想，拒绝接受残酷的现实，总把自己当孩子，不想长大。

挑食——这个不吃,那个不吃,食量少,身体弱。

跋扈——不管别人愿不愿意,接不接受,都要按自己的意愿来。

自私——以自己为中心,让别人处处先考虑自己,从不站在别人的角度考虑问题。

对照"公主病征候群",不难发现大多数女人或多或少都有一点"公主病",可见公主病并不是什么疑难杂症。通过下面的几个步骤,我们完全可以把公主病转化为自我发展过程中的一个过渡期,即"公主期",把该病对于生活的负面影响减少到最小。

一、觉察到自己的不足与稚嫩,勇敢地承认自身所暴露出的毛病。接受生活的磨砺,从过去单纯的角色中抽离出来,重新考虑在不同的环境中"我"的角色是什么,尽早适应不同的社会角色。

二、有自我发展、自我成熟的愿望。

三、学会自我管理,培养自己的情商,加强与他人相处的能力。少一点任性,多一点耐性,把"公主期"所留下的伤痕化为成长的能量,完善自我。

这三个步骤就像三个阶段,只要客观地面对自己,不逃避自身存在的问题,公主病就不再是让人讨厌的个性,你会将它成功地转化为公主气质。一项心理学调查表明,男士们讨厌女孩的公主病,但都喜欢女孩身上有公主气质——高贵、典雅,像奥黛丽·赫本那样让人迷恋。

不要被物质金钱
所迷惑

在物欲横流的时代里,很多女人都被物质的浮华外表迷惑了。

爱情本是一件美好而简单的事,如今却被附加上各种条件,彼此的价值观、生活背景、兴趣爱好等。的确,没有面包无法生活,可光有面包就够了吗?如果情感虚空,没有共同语言,就算身处富丽堂皇的宫殿,也不会有童话里的幸福。

名誉本是一件最为可贵的东西,如今却被人当成炒作的筹码,为了成名,为了金钱,不惜牺牲掉它。或许这样,物质会来得更轻松容易,舆论与众人异样的眼光也会随着时间而淡化,可当获得了想要的一切,再回顾这一切时,能保证内心安然无恙吗?

在一档婚恋节目中,一位女嘉宾直言不讳:非有钱人不嫁。

此话一出，立刻引来网友的狂轰滥炸，她的工作也因此受到了影响。最后，在巨大的舆论压力面前，她不得不草草离开舞台。

事后，她曾委屈地说，自己会提出那样的条件，一是主办方为了炒作，二是自身家庭情况不好，对物质的需求比很多人更迫切。这样的解释，难以得到大众的认可。

作为一个有思想、智商成熟、平日里各方面表现都不错的女人，难道站在舞台上就不是你了吗？不管是炒作，还是其他的什么目的，你完全可以坚定自己的立场。这是婚恋的节目，所有人看到的是你的人生观、价值观，你反复强调物质，强调没房、没车、没存款、月薪不过万的人免谈，这在无形中会伤害许多人。她以为自己所受的伤害是别人造成的，其实是她自己不够成熟，不够沉稳，说出不当的言论导致的。

换个角度说，渴望嫁给一个物质条件好的人来改善自己的生活，也无可厚非。但置身于一个公众场合，不断放大自己对物质的渴望，近乎骄傲和固执，甚至是痴狂，就很不合适了。她或许忘了，婚恋是相互选择的，而不是一厢情愿。你愿意找这样的人，可人家愿意接受你吗？女人，有时候很需要好自为之。

还有人说，她说出了自己内心的想法，不虚伪。确实，她不仅说出了自己的想法，也说出了许多人的想法——享受物质生活。这一点，多数人都是一样的，没有人不想过更好的生活。

然而，凡事有度，说话也要有分寸。倘若她坦白告诉所有人：我自身的能力有限，如果对方条件比我好，愿意和我一起照顾我的家人，提供好的物质生活。或许，这样的说法会更容易被人接受，也能够感受到她的诚实。至少，不会有人说她是一个拜金主义，一个自以为是的女人。抱着这样的心态，她也许真的可能会遇见幸福。

退一步说，有了金钱和物质，就有了一切吗？一位国际男星，日进斗金，家有贤妻做各种稳健投资，可谓是名副其实的有钱人，可他却总告诉世人：钱不能获得所有的快乐，唯有内心的安宁，才是真正的幸福。是的，钱不是万能的，有许多东西它都换不来。

一位33岁的女程序设计师，曾留学于加州大学，回国后在IT领域打拼。不到十年的时间里，她奋斗出了一套房子。为了再买一套小型的学区房给孩子入学做准备，她经常下班后把工作带回家，到凌晨两三点才睡去。最后，她累倒了，再也没有起来。抢救她的医生说，劳累是她猝死的主要原因。她本想让家人生活得更好，可她的离开，给丈夫和孩子留下了无尽的悲伤和遗憾。

人生的价值不能只看钱，幸福的定义是多方面的，除了金钱还有许多东西值得去追求。如果脱离了精神上的追求，只剩下对物质的追求,那么生活就会变得空虚,思想也会堕落。更重要的是,你在未来的几十年里,都可能会感到身背重负,寸步难行。

你大概也听过那个穷人圈地的故事吧!

一个穷人想要得到一块地,地主让他从这里往外跑,跑一段就插个旗杆,只要在太阳落山之前赶回来,插上旗杆的地就都归他了。贪心的穷人,不停地跑,太阳偏西了还不往回赶。太阳落山前,他气喘吁吁地跑回来了,可是刚一回来,就倒在地上累死过去了。有人挖了个坑,就地埋葬了他。他的妻子在他坟前哭着说:"你怎么那么傻?一个人要多少土地呢?就这么大!"

物质,永远都不是生活的全部。我们要趁早明白这个道理,世间除了物质,还有许多珍贵的东西,譬如生命、感情。想过得更好没什么错,但不要活得太累,不要去跟别人比,不要去摘自己够不着的苹果,不要沦为金钱的奴役,让生活只剩下物质名利,没有情感,没有乐趣。

奉劝世间所有女人,不要为物质迷乱了双眼,不要被金钱蒙蔽了心灵,在美好的年华里失去了方向,最终难免会被他人唾弃与不齿,等到昭华逝去,再去后悔此生没有留下珍贵的心灵记忆,那就晚了。但愿,每个人女人都不要给自己留下这样的遗憾。

对于批评这件事，实在无须太敏感

生活在四处弥漫着浮躁气息的环境里，女人会不由自主地陷入忙而烦的应急状态中，就像被生活的急流所挟裹。心浮了，气就躁了，性情也会变得敏感，听不得任何负面评议的话。一旦有不顺和自己的声音，心里就忍不住生气，难受很久，不得平静。

江琳娜就是一个敏感的女人，这样的性情给她的工作和生活带来了不少麻烦。

进入新公司后，渴望出头的她，凡事都想比别人做得快、做得好。她本身是有能力的，这一点主管在试用期内就发现了。为了提拔她，主管在她转正之后，增大了她的工作难度，要她每周开发选题，做好采编。难度大了，问题肯定就多了，出错的概率也大了。

身为主管，指出和纠正下属的错误，纯属分内之事，可江琳娜却接受不了。当她听到主管说，自己近来做的内容有些单一，少了点新意，心情便一落千丈。她觉得，主管是有意刁难自己，明明时间很紧张，却还总是挑三拣四，处处针对自己，心里常常感到愤愤不平。

接下来的日子里，她变得更加敏感多疑了。但凡开会时，主管说话稍微带点提醒和批评，比如"最近工作量大，大家要坚持一下，工作时不要懒懒散散的"，她都觉得是在说自己。就连主管嘉奖某个同事，她听了也难受，说嫉妒也好，但更多的是感觉主管在暗指自己做得不够好。

每天背着巨大的心理包袱，江琳娜对工作没了兴致，出的错也越来越多。越是着急，心里越浮躁；越是浮躁，就越发敏感。她不知道自己该不该继续做下去。继续留在公司，心里纠结不安，总觉得别人处处针对自己，做事也有心无力；就这样辞职，心里又不甘，就好像真的承认了自己能力不行。何去何从，成了一道让她夜不能寐的难题。

很多人都有着类似的毛病。一句善意的批评，也会击垮脆弱的心灵。如此敏感慌张，怎能经受住数十年人生的风雨坎坷呢？对于批评这件事，实在无须太敏感，因为它太平常，也太正常。无论你是谁，身份地位如何，终会有人对你不满意，批评的声音也少不了。

马歇尔·布拉肯曾担任过美国华尔街40号美国国籍公司的总裁,在回忆自己受到批评的经历时,他说:"早年,我对别人的批评非常敏感,那时我想让公司的每个人都觉得我十分完美,如果他们有一个人不这样认为的话,我就会感到忧虑,甚至会想办法去取悦他。可是,我讨好他的结果,又会让另一个人生气。最后我发现,我越是想去讨好别人,越会让我的敌人增加。后来我干脆告诉自己,只要你超群出众,你就一定会受到批评,所以还是趁早习惯的好。从那以后,我就决定只是尽自己最大的努力去做,把我那把破伞一样的抱怨收起来,让批评我的雨水从身上流下去,而不是滴在我脖子里。"

得到别人的认可固然重要,但得到自己的认可更重要。不奢求别人给自己积极的评价,不抱怨别人给自己的不良评价,是一种大度,一种豁达,一种宽心。要做到这一点,就得学会接纳别人的评价,只有这样,才不会轻易生气。

面对难听的批评时,不要急着反唇相讥,而是冷静地自我反省。毕竟,一怒而起,火冒三丈,根本无济于事,反倒会让人讥笑自己没有涵养。爱默生说过,如果我们将批评比喻为一桶沙子,当它无情地撒向我们时,不妨静下心来,在看似不合理的要求中,找到让我们进步的"金沙",在批评中寻找成功的机会。当形形色色的人言朝自己射来时,要学会不动声色,不被干扰，既不全盘接受，也不会一概不听。生气的那一刻，冷静地问问自己："他说的是不是事实？"有则改之，无则加勉。这样一来，就能在别人的评价中提升自己。

面对有悖事实的批评，要想开一点，学会放下。女人的优雅，有很大一部分都源自心胸开阔。生活中，有些女人一听到恶言恶语，就气得暴跳如雷，完全丧失了理智，跟对方谩骂纠缠，结果不是更加糟糕吗？对付小人的恶语相向，不为所动，包容忍耐，是最好的回应。

面对那些恶意的抨击，有损自己的形象与人格的言语，依然要保持理智，但这并不意味着要默认，必要的时候要为自己澄清，据理力争。只是，回击的时候要用正确的手段，不必生气，不必怀有仇恨的心理，只要捍卫自己的尊严即可。

当世本就浮躁，女人无须再随波逐流。稳住自己的心，不管别人说什么。也许那些话带着指责，会打击你的自信，可你要知道，每个人都有自己的立场和看法，他人的看法不是真理，甚至不是事实，真的不必为此萎靡泄气、烦恼不已。

做自己喜欢做的事，按自己的路去走，这才是明智之举。只要自己努力奋斗过，外界的评说又算得了什么呢？学会艺术性地对待批评，坦然地包纳各种评议，给人留下一个虚怀若谷、优柔大方的形象，让自己保有一份不浮不躁的心情。

没有人会爱上
你咄咄逼人的样子

英国思想家培根有句名言:"交谈时的含蓄得体,比口若悬河更可贵。"

一个女人有着直率真诚的性情,固然难得,但这并不意味着和别人交谈时也可以毫无顾忌、直言不讳。若是在懵懂无知的年纪,别人可能会原谅你的单纯,你的不谙世事,你的直接坦白;可若到了本该成熟的年纪,该有一份沉稳大气、知书达理的姿态时,还是这样唐突直言,只会令人抵触反感。

一位女律师刚刚从名牌大学毕业,家里托关系介绍她到律师事务所工作。上班后不久,她就接了一个重要的案子,为其中一方辩护。

辩护中,最高法院的法官说了一句:"海事法追诉期限是六年,根据……"法官的话还没有说完,女律师突然间打断了他,因为她对法律条文非常熟悉，知道法官说错了，她便直率地说："法官大人，您说错了。海事法根本就没有追诉期限。"

法庭里异常安静，哪怕一根针掉在地，都能够清楚地听见。法官根本没想到，中途会冒出这么一个声音。的确，他犯了一个不该犯的错误，现在的他，觉得尴尬不已。那张严肃的脸变得铁青，愣在那里足足有几秒钟，没有说话。

女律师以为自己会得到法官的赏识，说她有勇气和学识，可现在她才意识到，自己这种突兀式的"表现"不仅让法官难以接受，也让她觉得浑身不自在，不知道该如何收场。大家的目光分明在说，她太自以为是了，丝毫不给人留面子。

说起来，女律师似乎也没什么过错，她只是说出了事实而已。可即便如此，她还是"错"了，错在了人情世故上。对于法庭上许多普通的听众而言，他们或许并不太清楚某项法律条文的细则，若是等法官讲完话，通过某种途径让他知道问题所在，是不是更明智一点呢？

《呻吟语》中有这样一段处事经验："独处看不破，忽处看不破，劳倦时看不破，急遽仓猝时看不破，惊扰骤感时看不破，重大独当时看不破，吾必以为圣人。"不管在什么地方，处于什么样的位置，都要管好自己的嘴。不是非说不可的时候，尽量保持缄默；就算是一定要说，也得讲究方式。

俗话说：“说者无心，听者有意。”很多时候，你认为一句看似无关紧要的话，可能会在听者的心里划下一个伤口，难以愈合。女人千万得有自知之明，不能在自己说话得罪了人的时候浑然不知，依旧滔滔不绝。说话就跟包装一样，需要用漂亮的外表包装一下，才更能凸显美丽。

曾经看过这样一则故事：

英国一位倒卖香烟的商人，到意大利去做生意。一天，他站在罗马某个市场的台子上，滔滔不绝地给大家讲述抽烟的好处。显然，这是完全有悖于真理的。这时候，听众里站出来一位女士，她没有打断商人的话，也没有和她打招呼，直接走上了讲台，要发表言论。正在滔滔不绝讲话的商人，被突然冒出来的她吓了一跳。

女士在台上站稳后，大声地说：“女士们，先生们，抽烟的好处实在太多了！除了这位先生刚刚说的，我还想补充一些。现在，我就把这些好处告诉大家。”

英国商人很高兴，有人竟然愿意帮他推销东西。他非常高兴，向那位女士道谢：“谢谢您了，女士。我看您气质非凡，说话动听，一定是一位有学识、有修养的女士，劳驾您把抽烟的其他好处告诉大家吧！”女士冲他一笑，开始讲话。

"第一，看到抽烟的人，狗会害怕，会逃跑。"台下的听众窃窃私语，不知道她到底想说什么。商人站在一旁，心里却很高兴。"第二，小偷不敢到抽烟的人家里偷东西。"台下的人更是摸不着头脑，商人却高兴得不得了。"第三，抽烟的人永远年轻。"台下的人躁动了，觉得简直是谬论。商人在台上，笑得合不拢嘴。

突然间，女士表情变得凝重，说："女士们，先生们，请安静一下。我现在要来解释一下刚刚说的话。第一，抽烟的人中，驼背者居多，狗看到他们，总以为在捡石头，它能不吓得跑掉吗？"台下的人笑了，商人却慌了。

"第二，抽烟的人夜里总是咳嗽，小偷一靠近他家，就知道房间里有人，他还敢跑进去偷东西吗？"台下的人鼓掌，商人吓出了汗。

"第三，抽烟的人很少有寿命长的，所以永远年轻。"台下的人一片哗然。

这时，人们才发现，商人在听到女士的解释后，早带着他的东西偷偷溜走了。

假设一下，倘若从一开始，这位女士就破口大骂，说商人是在胡说八道，或许商人也会因为她的火爆脾气和伤人的语言而走掉，可那样的她给众人留下的印象也不会太好。谁会喜欢一个口无遮拦、出口骂人的女人呢？可现在，她没说一句脏话，泰然自若，就把商人的一派胡言都否定了。这样的女人，和她那理智的头脑，有修养的表现，任谁见了都会佩服和欣赏。

太过直来直去，开门见山，或是当面指责对方，总会让听者感到不悦，甚至对你进行反击。所以，也只有那些缺乏自知之明的人，才会傻到做这样的事。人都是有自尊的，无论是法官还是商贩，直率地去说对方错了，毫不留情，很伤人颜面。更何况，批评和挖苦别人，也无法抬高自己，反倒会让自己显得乏味，没有教养。

女人要有一份成熟的心智，不能活在单纯的世界里，对别人再不满意，也要理智对待。别以为直来直去就是豪爽，就是个性，除了你自己，没有人会爱上你咄咄逼人的样子。

心胸豁达，
别跟自己较劲

据世界卫生组织研究表明，目前约有70%的职业人士，不同程度地生活在亚健康状态中。情绪长时间得不到发泄，会引起慢性疲劳、情绪不稳和代谢异常等疾病。特别是现在的职业女性，处在事业、生活和家庭的风口浪尖，肩负重任，难免遭受挫折和失意。

生活和工作的压力固然是有的，但好心情的保持还需靠自我的调节。理性地面对现实，调整情绪，用松驰的心态去面对身边的人或事，让自己拥有一个健康的身心和愉快的情绪。

人的一生难免会遇到一些磕磕碰碰和情绪不对的时候，不管你的坏情绪因何而起，你都要尽快结束它，让它成为过去。古人说得好："风来疏竹，风过而竹不留声；雁渡寒潭，雁过而潭不留影。故君子事来而心始现，事去而心随空。"

女人要拥有好心情必须学会适时地放过自己,别跟自己较劲。这才是快乐生活的关键。别跟自己较劲,就是告诉你时刻保持快乐的心情,不刻意追求,不要为得不到而悲伤,该做什么就做什么,保持自己内心的快乐才是幸福的源泉。

黎思思是一家国企的业务科长,平时的工作压力就不小。作为部门负责人,她是各部门考量一年工作业绩的中心人物。近年来公务员的门槛越来越高,能进入国企工作的都是各个领域的佼佼者。个个都是高学历,有能力的高手。因此,要管理好这些下属并不轻松。俗话说,人多的地方是非多,黎思思所在的部门自然也不能免俗。之前,下属之间的钩心斗角早已令黎思思头痛不已,处理稍有不慎,就会成为责难的中心。

部门里的小刘家庭背景原本就很好,在部门里说话做事又很随性,从不顾及别人的情绪,再加上她的工作业绩始终名列前茅,很多人看她不顺眼,暗生了嫉妒之心。黎思思作为部门负责人,公正地肯定小刘的工作态度和能力,因此也遭到了其他下属的非议,他们到处散布流言,说领导黎思思见高枝就攀,夸奖小刘无非是因为她有背景,想巴结讨好她。三十好几的女人,眼看就要"过气"了,所以想通过捧小刘,给自己寻找最后的升职机会。

听到这样的流言,黎思思真是又气愤又委屈。过了好几天,她都无法平息心中的怒气。在单位,她把怒气撒在小刘身上,把小刘搞得一头雾水,辨不清缘由。回家后,又把情绪撒在老公与孩子身上。自己的那些情绪把家庭与公司都搞得乌烟瘴气。

丈夫知道原因后,为了让妻子尽快调整好心态,就充当起她的心理医生。丈夫让她换位思考,从员工的角度去想,他们现在的言行其实完全可以理解。于是黎思思试着照做,效果还不错。事实上立场不同,考虑问题的角度也会不同。倘若彼此都能多点儿体谅,尤其是当利益发生冲突时,能保持平和的心态,实事求是,就事论事,那么,无论上司与下属,还是同事之间,融洽相处应该不会很难。

跟自己较劲并不能帮你理性正确地处理事情,反而会令你越来越偏执。有时候跟别人过不去,就是跟自己过不去,最后还让自己陷入气愤中,伤害到自己,这又是何必呢?放过别人,也放过自己,在不较劲的状态中,延展生活的快乐。

事情不论对与错,好与坏,内心不论快乐与痛苦,还是荣誉与耻辱,都是来了又去,去了又来,它们终究都是过客,都会变成句号。女人只有善于把烦恼抛之脑后,才能活出五颜六色,才能体会酸甜苦辣。

以下几点是别跟自己较劲的小建议:

1. "糊涂"也是一种智慧

工作、生活中的琐事,有时多得令人抓狂。要想自己快乐,对于一些没有原则之争的琐事,纵然不合自己的心意,也可以以"糊涂"为上。不要事事都斤斤计较,也不要点滴情绪都藏在心底。做一个"糊涂"的女人,善忘而幸福。

2. 不任意发怒,不争吵不休

办公室是个名争利斗的竞技场所,冲突也时有发生。要在这样的环境和氛围中做到淡定和无为,的确有点强人所难,但"世上无难事,只怕有心人",即便你不顺心,也应该尽快调整。女人要保持好的心态,愉快的情绪,才能心想事成。

遇事镇定，保持冷静

什么是镇定？镇定就是遇事沉着、不慌乱，保持冷静的状态。

镇定的最大敌人就是愤怒。须得知道，愤怒的情绪常常会使人失去谋略和战斗力，所以必须永远保持客观与冷静。

譬如在打仗中，如果能够激怒敌人，迫使对方失去平衡，而自己依然保持冷静，你就取得了决定性的优势。智者常常能够找出对方暴露出来的破绽，并且透过破绽攻击他们，从而掌握主控权。

1809年1月，拿破仑既焦躁又忧心忡忡地从西班牙的战事中抽身出来，匆匆忙忙赶回巴黎。他的间谍和心腹证实了一则谣言——外交大臣塔里兰与警察富歇联合起来密谋反对他。

抵达巴黎后，这位如惊弓之鸟的皇帝立刻召集所有的大臣入殿。开会时拿破仑坐立不安，含糊其辞地闲扯阴谋者反对他以及立法者延宕他的政策等话题。

在拿破仑喋喋不休时，塔里兰靠在壁炉上，看起来完全无动于衷。面对表现得如此冷静的塔里兰，拿破仑按捺不住自己的情绪，突然嚷道："许多大臣心怀叵测，密谋叛国！"说到"叛国"这两个字眼时，拿破仑期待他的大臣会害怕，然而塔里兰只是笑了一下，沉着的表情显示出他对会议的蔑视。看到塔里兰在面对会被吊死的指控时仍然镇定无比，拿破仑更加慌乱了。他忽然上前一步逼近塔里兰说："有些大臣希望我死掉！"但塔里兰仍然不为所动地回视他。拿破仑终于忍不住爆发了。

"你这个懦夫！"他对着塔里兰尖叫，"你这个不诚实的人，我赏赐你无数的财富，你竟然如此伤害我。"其他大臣难以置信地面面相觑，他们从来没有见过这位无畏的将军、威严的皇帝、整个欧洲的征服者如此失控过。

"你应该像玻璃一样，被碾成碎片！"拿破仑生气地顿顿脚，"我有权力这么做，但是我太瞧不起你了，不愿意太费事……为什么我不将你吊死在土伊勒里宫的大门上呢？没关系，我还有时间这么做。""你这个人什么都不是，只不过是穿着丝袜的一团狗屎……至于你的妻子，你从来没有告诉我卡洛斯是你妻子的情夫……"他大吼大叫，前言不搭后语。

"是的，陛下！我从来没有想到过这封情报会牵涉到您的荣誉和我自己的荣誉。"塔里兰冷静而且泰然自若。拿破仑又丢出几句侮辱性的话语之后，气冲冲地走开了。塔里兰慢慢穿过房间，以他特有的缓慢的步伐移动着。一名侍者帮他穿上斗篷，他转过身面对其他大臣说："真遗憾，各位绅士，如此伟大的人物竟然如此没礼貌。"

尽管愤怒，拿破仑却并没有逮捕他的外交大臣，只是解除了塔里兰的职务，将他逐出宫廷。拿破仑相信对塔里兰而言，屈辱就足够惩罚他了。然而流言迅速传播开来——皇帝是如何完全失控，塔里兰如何保持镇定与尊严。从某种意义上讲，真正遭受羞辱的是拿破仑自己。

伟大的皇帝在压力下失去冷静，人们开始普遍感觉到他已经开始走下坡路了。如同塔里兰事后所言："这是结束的开端。"

的确，这是结束的开端。滑铁卢之役还要等6年，但是拿破仑已经开始慢慢地走向失败。也正是在这种背景下，塔里兰下定决心，为了欧洲未来的和平，必须让拿破仑离开政治舞台，因此他和富歇共同策划了这次谋反计划。

对于每一个人来说，能成就你的是你自己，毁掉你的也是你自己。或者更直接地说，成就你的是你的镇定，毁掉你的是你的慌乱。

譬如拿破仑，他在那个下午情绪爆发，不久就人尽皆知了，对他的公众形象产生了深远的负面影响。面对两位最信赖、最重要的大臣发动反对他的阴谋，拿破仑当然有权感到愤怒和焦虑，但是在公开场合如此勃然大怒，展现出自己内心的焦躁和不安，从某种意义上说，他已经失去了主宰大局的绝对权力。

其实，在这种情况下，拿破仑可以采取许多不同的做法。例如，他可以思考这样一个问题：他们为什么会反对自己？他可以倾听，从他们身上了解自己的缺陷，更可以试着争取他们回心转意支持自己，或者甚至干脆除掉他们，将他们下狱或处死，杀鸡儆猴。所有这些策略中，最不应该的就是激烈的攻击和孩子气的发作。

发脾气起不到威吓效果，也不会鼓励忠诚，只会引发疑虑和不安，让你的权力摇摇欲坠，暴露出你的弱点。这种狂风暴雨式的爆发，往往是崩溃的先声。

现实生活不就像是一场战争吗？任何一种情绪的爆发，都将影响你的生活，甚至某些时刻，你的不沉着会毁掉你成功的基础。

女人在生活中更需要镇定。镇定的女人最让人喜欢，因为镇定的女人是优雅的。想想看，当挫折袭来，你不会像那些遇事慌乱的女人那样哭哭啼啼，而是微笑着面对这一切，并且有条不紊地处理着麻烦，仅仅是这份态度，就能为你赢得人们的称赞。

面对生活，每个人都有很多资本，镇定对于女人来说，是最大的资本。

镇定会让你看起来更强大，不，镇定就是你的武器，能使你更强大。谁能撼动得了强大的你？

不要认为，女人就该柔弱，就应该哭哭啼啼。错了，那只是旧时代的女子罢了。新的时代，新的规则，女人再也不是以弱者的形象出现，所以女人也无须动辄就乱了阵脚。要知道，没人会因为你的不镇定而同情你，人们只会说你是个没有定力的人。

镇定地面对突如其来的危险，会让人避免很多不必要的悲剧。那么，如何镇定地面对突如其来的危险呢？

1.深呼吸，放轻松

人生难免会发生很多意想不到的事情，倘若处理不好，就会给自己带来危机。这时，千万不要失去镇定，先深呼吸，放轻松，要从内心真正地放下心来。千万别慌忙，要知道越是慌乱就越是容易出错，平静下来思考解决的方案，才是上策。

2.自我控制

无论哪种突发事件，都会给人带来相当大的冲击和压力，导致人产生强烈的焦躁和恐惧感。要做到镇定，首先要控制自己的情绪，保持沉静，镇定自若，这样才有利于及时解决突发事件。

3.多接触镇定的人

想要让镇定成为你的习惯,就得多跟镇定的人相处,所谓耳濡目染就是这个意思。这样,你会受到他人情绪的感染,使自我镇定的能力增强。即使你遇到了突发事件,也能轻易解决,这就是镇定的神奇力量。

别总是盯着你
得不到的

孟晓兰最近一直在忙着学习。学习什么？心理咨询。

孟晓兰不是在本城学习，而是在西安和北京之间来回奔波，参加为期四个月的心理咨询师培训班。

有人就感到不解了：你日子过得好好的，干吗跑去学心理咨询啊？再说，你所从事的工作和心理咨询八竿子都打不着，这不是不务正业吗？还有，为了学这没用的东西，还要两地来回奔波，这不是自讨苦吃吗？总之，周围的朋友大多认为孟晓兰这样做太不值了，失去的比得到的多。

孟晓兰只是带着幸福的微笑，淡淡地回答："就当做旅游吧，学习总能让人成长。"

没错，人的一生就是一个不断学习成长的过程。一个人，从青丝到白发，自年少轻狂到耄耋之际，一切的活动似乎都在围绕着一个目的,那就是幸福地活着。

但是,幸福到底是什么呢?既然追求快乐和幸福是生活中最重要的目的,那么怎样才能得到幸福,或者说幸福的最重要的支持因素是什么呢?

其实答案就在每个人的心里,因为每个人对幸福的诠释是不尽相同的。

有这样一个故事,说的是一位国王,总觉得自己不幸福,于是派士兵四处去找一个感觉幸福的人,然后将他的衬衫带回来。

士兵们四处找啊找啊,碰到人就问"你幸福吗",回答者总是说"不幸福,因为我没有钱",或者"不幸福,因为我没有朋友""不幸福,因为我得不到爱情",诸如此类。

就在士兵找得疲惫不堪,不抱任何希望的时候,从对面的山冈上传来了悠扬的歌声,歌声中充满了快乐。他们循着歌声找到了那位幸福的人,只见他躺在山坡上,沐浴在金色的暖阳中。

国王派出去的士兵上前问道:"你感到幸福吗?"

那人回答:"是的,我感到很幸福。"

"你所有的愿望都能实现,你从不为明天发愁吗?"

"是的。你看,阳光暖和极了,风儿和煦极了,我肚子又不饿,口又不渴,天是这么蓝,地是这么阔,我躺在这里,除了你们,没有人打扰我,我有什么不幸福的呢?"

国王的士兵说:"你真是一个幸福的人。那么,请将你的衬衫送给我们的国王好吗?国王会重赏你的。"

那人回答:"衬衫是什么东西啊?我从来没有见过。"

看看,对于"普天之下莫非王土"的国王来说,他认为得到幸福的人的衬衫,就可以沾染一些幸福的气息,就是得到了幸福;而对于那个在阳光下唱歌的人,他从来没见过衬衫,或许在某些人眼中,这是那人的缺失,但是那人已经拥有了很多啊,比如阳光、清风、蓝天,以及没人打扰的生活。

你说,谁得到的多,谁又失去很多?

再比如,在日常生活中,有不少人认为得到金钱、地位、名誉等,就拥有了很好的生活质量,认为得到了幸福。真的是这样吗?幸福真的是建立在这些要素的基础上吗?心理学家否认了这一点。心理学家通过广泛的调查和研究发现,良好的人际关系,尤其是亲子、夫妻、亲密朋友、工作伙伴之间等关键的人际关系的融洽,才是人生幸福的最重要的决定因素。

当然,现实是物质的,人在社会上得以生存,不能离开物质。金钱、地位、名誉不是幸福的主要因素,但也并不表示一个人就应该完全地摒弃金钱、地位、名誉等等。只是,在追求这些东西的时候,应该有一个良好的心态。那样,即便是最后得到的与自己想要的相距甚远,也不至于影响到你的幸福感。

毕竟，金钱买不来幸福，成功、名誉和地位也带不来幸福，幸福从某种意义上说就是一种态度和生活方式。只要你对人真诚、友爱，对人理解、宽容，就可以收获良好的人际关系，并最终收获幸福。

还有，有些人明明已经过得很好了，在旁人看来，他没有理由不幸福，但是，他偏偏就是不幸福。因为，他得到这个，同时，他还在想着他失去了别的。或者说，他总是处在居安思危，处在患得患失之中。无论得到什么，他都能找到不幸福的理由。

"居安思危"虽不是坏事，但若是因为"居安思危"而使你一直活在"患得患失"之中，一直让你不快乐，那就是坏事了。

人活着，最要紧的是知足常乐。别总是盯着你得不到的，而要多看看你已经得到的。该幸福的时候，就要毫不犹豫地幸福，至于后来的事，随便它吧，明日隔山岳，世事两茫茫，先享受眼前的幸福才是正事！

患得患失是人生的精神枷锁，是依附在人身上的阴影，也是一种浮躁。想要美好的生活，就必须学会从患得患失的阴影中走出来。如何避免患得患失呢？

1.知足常乐

"知足常乐"只是四个简单的字，但很多人做起来却很难。

追名逐利一直是很多人的梦想，他们原本是为了让自己更快乐，却在追寻的过程中丧失了原本的快乐。即使后来成功拥有了名和利，也是不快乐的，何苦呢？人如果只看到自己没有的，只会自寻烦恼，让自己更郁闷。

2.活出真我

走自己的路，活出真我，人就不会被名利所牵绊，就不会患得患失。人生不可能没有忧愁，但我们不能让患得患失再给自己无端地增添几分愁。只有活出真我，才能无视流言蜚语，才会活得充实、潇洒与快乐。

第三章

留点空间，爱情不是人生的全部

留一点儿空白，
像不爱那样去爱

女人很爱男人，为他放弃了出国的机会，为他拒绝了高富帅的追求。每天上班，她都要他挂着QQ，自己在公司里的大事小事总要第一时间告诉他。下班时，她会提前开车到他单位门口，两人一起吃晚饭，然后恋恋不舍地分别。谁都看得出，女人对男人的爱很深，可男人心里却有说不出的苦。

男人总是对朋友说，不在一起的时候会想她，可在一起的时候却又很烦她。周末我想去打球，她却缠着我陪他逛街；下班想跟哥们聚聚，她却非要跟着，不让抽烟，不让喝酒，特别扫兴。好几次，男人想提出分开一段时间，可话到嘴边又咽下，他知道女人对自己是真心的，他也怕错过了这个美好的眼前人。可是，她的爱，实在太沉了。

两个人虽然还在一起，可明显跟过去不太一样。他变得沉默寡言，冷冷淡淡。她问什么，他只是轻声应和，没表情。可一听说女人要出差几天，他却变得很殷勤。女人怀疑，他是爱上了别人。她没有吵闹，而是转身去找了他们最好的朋友。她知道，如果有什么事，他一定知道。

朋友笑着对她说，是她太多疑。他之所以高兴，是觉得"自由"了。男人需要放养，爱情需要留白，他有自己的交际圈，有自己的"地盘"，你把索要爱情的触角伸向了不该伸的地盘时，他只会觉得你不可理喻。

她似懂非懂。朋友问她，听过两只刺猬的故事吗？她说没有。

一对刺猬在冬季恋爱了，为了取暖，它们紧紧地拥抱在一起。可是，每一次拥抱的时候，它们都把对方扎得很疼，鲜血直流。可即便如此，它们还是不愿意分开。最后，它们几乎流尽了身上所有的血，奄奄一息。临死前，它们发誓："若有下辈子，一定要做人，永远在一起。"

上天被它们的爱感动了，决定成全它们。来生，它们转世做了人，并永远地在一起。它们每天朝夕相处，形影不离，每时每刻都黏在一起，可它们一点儿都不幸福。因为，它们是连体人。

她陷入沉思，半天没有说话。想想他以前过的生活，自由支配自己的时间，做自己喜欢做的事，不用事无巨细都要向她汇报，偶尔喝点小酒，抽点小烟……现在，似乎那些爱好都被剥夺了，而自己却从未问过他想要什么，希望她怎么做？或许，她真的需要换一种方式去爱了。

曾有人说过："整天做厮守状的夫妻容易产生敌视与轻视情绪，毒化婚姻的品质。"再美的东西看久了也会腻，相爱的两个人也需要适时地保持一点距离。这份距离，不一定是地理上的距离，分隔两地，而是彼此之间在心灵上要有一点空隙。

真正的爱是有弹性的，不是强硬地占有，也不是软弱地依附。相爱的人给予对方的最好礼物是自由，两个自由人之间的爱，拥有必要的张力。这种爱，牢固而不板结、缠绵却不黏滞。一个理性的女人，一个懂得维系幸福的女人，永远都能收放自如地去爱。

恋爱4年，结婚7年，她与爱人既像亲人，又像朋友，彼此交心，不厌不烦。提及有什么秘诀，她笑着说——要像不爱那样去爱。

不爱，就不会在意他是不是记得你的电话，不会一个电话一个电话地催他，更不会时刻要对方告诉自己在哪儿，做什么，和谁在一起。如此，就给彼此留出了空间。

不爱，就不会强求他记得自己的生日，送自己礼物。他若记得，自己心生感激；他若忘了，也没有太多的失落和埋怨。

如此，情变得比物重，不送礼物也未必代表没有关爱。

不爱，就不会要求他出差时给自己发来甜言蜜语的短信，回来给自己带一份心仪的礼物，生病时巴望他在床头陪着，只要他平安归来，就觉得比什么都好。如此，他就能专心工作，也能够体会出自己对他的支持和那份贤惠。

不爱，就不会整天唠叨，惹得他心烦。如此，他落个清净，我落个清闲；他不会觉得我婆婆妈妈，我能保持温婉宁静的形象。

不爱，就不会把他的事业当成自己的事业，指指点点，抱怨连天。如此，自己少操一份心，少让自己添一条皱纹，其实他要的，也不过就是默默的支持。

不爱，就不会变得神经过敏，在他接到异性电话时刨根问底，把他的往事当成冷嘲热讽的材料，弄得他心烦意乱。他接他的电话，我充耳不闻，视而不见。他若参加有初恋情人出席的聚会，我也会为他精选西装，不让他丢我的脸。如此，我的付出，他全部记在心里；我的大度，他多一分佩服。有如此开明豁达的女人，他自然也不愿辜负。

不爱，就不会要求他每天回家吃饭，也不会限制他晚上外出，在哥们面前弄得没面子，被笑为"妻管严"。越是放得开，他越是愿意回来；越是栓得紧，他反倒想要逃。如此，他的"自由"在兄弟面前会成为炫耀的资本，我的支持会成为他内心最大的感激。

不爱，就不会委屈自己变成他喜欢的样子，也不会为难他变成自己喜欢的样子。如此，两个人保持原来的本色，舒服地活着，谁都不会感到辛苦。

不爱，就不会把婚姻爱情视为一种交换。金钱、权势、地位，在爱情面前都无足轻重，也不会因为别人有而自己没有，就抱怨他。如此，爱情永远纯净，没有杂质。

在婚姻中，能够坚持用不爱的方式去爱，那该是多么聪明的、多么懂爱的一个女人啊！不爱，胸襟就宽了；不爱，愤怒就少了；不爱，烦恼就没那么多了；不爱，就不强求了。不爱中有自爱，有相敬如宾，有给你自由，淡淡的相处，给自己宁静，给爱人空间。

但愿，每个陷入爱中的女人，都不会让爱情成为彼此的紧箍咒，都可以不被爱所累。更希望，每个女人都能够为了悠久绵长的幸福，学会像不爱那样去爱。

爱情
是一场灵魂的博弈

有种东西叫多巴胺，是一种促使男女陷入爱情的激素。这种激素大概能维持两到三年，最多也就四年。如果超过这个数值，荷尔蒙会越来越少，激情也将慢慢冷却。

收到燕子很有意思的一条短信：听说，你还相信爱情？她说这句话并非无故，最近他们夫妻之间的感情亮起了红灯。

很多人说，爱情像个鬼，听到的人多，见到的人少。我不知道多少人见过鬼，或者只是人云亦云。更有人说，婚姻是爱情的坟墓。按坟墓的逻辑，表白就是自掘坟墓；结婚就是双双殉情；移情别恋就是迁坟；第三者则是盗墓人。这样想，怪瘆人的。这两句话似乎是爱情的箴言，拥趸者众多。

两种说法，都不敢苟同。婚姻真是爱情坟墓，放眼全世界，咱们这个地球村该有多么的阴森恐怖！倒觉得，爱情应该感谢婚姻，如果没有婚姻，爱情何处安身？恐怕不是死不瞑目就是死无葬身之地了。

婚姻其实是个替罪羊，哪怕你一辈子不结婚，也不能保证激情一辈子。爱情确实少不了激情，但如果天天激情，多少人消受得起？

维系婚姻，要求俩人要相互接纳，宽容、忍让、关心、装小糊涂。小打小闹是怡情，大吵大闹是伤情。对我，不是原则性的问题不会太较真，事事太较真的结果就真的证明婚姻是"坟墓"了。

如果没有将爱情和婚姻看成一桩需要用一生的时间去经营的事业，而是当作及时行乐的手段，就像干柴遇烈火，燃烧时是刹那的火焰，须知烟花易冷，剩下的是遍地的灰烬。

婚姻只是生活的一个载体，不能设想一劳永逸，也不能期待一本万利。只有像经营其他谋生手段一样用心经营它，它才可能给你可喜的回报。当然，也有血本无归的时候。这就是所谓的愿赌服输。

婚前婚后当然有区别，而且不是一点点。如果还期待你的男人像阿波罗或者丘比特一样带着神的光环，或者还渴望你的女人像带着翅膀飞翔的天使，你肯定会失望，甚至失望透顶。

结了婚，卸下恋爱时白雪公主和王子的盛装，回归凡人。

婚姻里难免时有冲突,但要清楚没有冲突的婚姻,几乎同没有危机的国家一样难以想象。婚姻本没有错,错的是导致此种结果的爱情本身的缺陷,错的是我们没有善待自己的婚姻。

我相信爱情,但不迷信爱情。爱情不是独立存在的,婚姻不能只有爱情,但没有爱情的婚姻的确痛苦。结束或者继续,选择权在于你。我们都是俗人,所以要求都别太高,俗人该做的事、该犯的错,每个人都逃不过。除了指责,你还可以原谅。不肯宽恕,又难以忍受,除了抱怨还可以分手,没有必要绑在一起。不想改变又害怕失去,那就作吧!

爱情、婚姻,如人饮水,冷暖自知。有些婚姻或许激情渐退,但感情还在。这种感情基于亲情,长久生活在一起,不知不觉已经嵌入彼此的生命。这就是相濡以沫。如果把爱情比作阳春白雪,那婚姻就是把风花雪月熬成浓油赤酱,撒了盐亦撒了糖,用心调制出适合你的味道。

不可否认,爱情有时是伤人最疼的。也许你今天还在享受它的甜蜜,它明天就能将一记响亮的耳光突然打在你脸上,疼在你心里。这是一场灵魂的博弈,它能让你痛不欲生,也能让你脱胎换骨。只有最终没被伤痛压垮的人,才能得到它。可以不相信别人,但要相信自己拥有美好的能力。要相信总会有一个人出现,让你原谅之前生活对你所有的刁难。

婚姻是一种选择，只是有些人适合固定的伴侣和生活，有些人不适合而已。简单说，不定性的男女就不适合婚姻。至少在某个阶段。

其实，生活不需要太多大道理。讲原则有些困难，谈理想似乎又太过虚幻。可我还是相信大千世界总会有那么几个"傻瓜"坚持，坚持不向这个无奈的世界投降。

心不那么脆弱，就不会一朝被蛇咬，十年怕井绳。哪怕疼过，我也相信爱情的存在。只是，人与人的缘分长短不一样。有的稍纵即逝，有的细水长流。不过对我而言，信不信爱情不那么重要，重要的是我相信生活就足够了。生活是真实的，它涵盖了太多的内容。生活中有了爱情会更完满；没有了爱情，生活也还要继续。认真生活，善待生活，相信生活也不会亏欠自己太多。

燕子，又有一段长长的日子不见了，你若来，我定会好好陪你一起去喝茶，一起谈天说地……

爱这个世界上
所有的美好

十四年前,他只有十七岁,正是情窦初开的年纪。那年那月的那一天,他遇到了她,而她当时只有七岁,明眸如水,天真烂漫,至真至纯。

不知道那个小女孩什么地方吸引了这个英俊的少年,他看着女孩那海棠花一般的笑颜,嘴角浮出一丝坏坏的笑。他半跪着对她说:"等你长大了,我便娶你。"

或许,当时看到这一幕的人,都会把它当儿戏。但他用十四年的时间,默默地等着那个小女孩长大,一直到2011年的10月13日,他兑现了自己的承诺,终于如愿以偿地迎娶了他美丽的新娘。

他是谁?他就是有"喜马拉雅山王子"之称的不丹国王旺楚克。那个幸运又幸福的女孩,就是他的皇后佩玛。

尽管不丹王室允许一夫多妻制，老国王也纳了四个妃子，但是旺楚克早已明确表示，他将只娶一任妻子，两人白首到老。

婚礼照上，两人穿着华丽的礼服，他回眸看她，满脸甜蜜的微笑；她站在他身边，娉婷玉立，明媚娇俏。四目相对，幸福的涟漪在空气中荡漾，让人沉醉。两个人心心相印的结合，是世间最美的风景。有了这处风景，才衍生出了许多的柔情蜜意。

说到这里，我又想起了三毛与荷西的故事。三毛读大学二年级时，荷西正读高中。荷西对三毛说："你要等我六年，我有四年大学要读，加两年兵役要服，六年一过，我就娶你。"

此后的六年，他们没有任何的联系，彼此也无音讯。也许，总要有人愿意等，才会有人愿意出现。六年后，荷西突然出现在三毛面前。看到荷西满屋子里都是自己的巨幅照，三毛对自己说："除了他，这一生我还要谁呢？"

承诺无需惊天动地，无需豪言壮语，只要默默守候，认真去实现。流年清浅，一季繁花，回眸，遇见你，便是圆满。看似偶遇，背后往往都有我们看不到的因缘。

我一直相信，爱是一场天时地利的相遇，无需刻意等待，更不必处心积虑地准备。遇到了，电光火石的刹那，我知道你就是命定的那个人。无论时光如何流转，再相见时依然记得你，你在我眼中依然如初识般美好。无论我已变得如何强大，你仍然是我的弱点。

　　和你十指紧扣，陪你看世间风景，看细水长流，一起走到最后。这该是最美的浪漫了吧！

　　每个女人都渴望遇上像不丹国王和荷西这样钟情、专一的男子，都想成为男人掌心里的宝。但爱需要缘分，缘分这东西说起来似乎很玄乎，但实际上它也可以很具象。

　　就拿一见钟情来说吧！所谓一见钟情，就是遇见一个异性，第一眼就被其秒杀。说白点，就是其形象美好，给人的印象很深刻，怎样才算是美好的形象？对于女子来说，首先得是穿着整洁得体，言谈举止落落大方，待人接物彬彬有礼。但这只是第一印象，要想一个男人更加珍惜你，女人还需要懂得爱。

　　爱自己，爱他人，爱这个世界。爱这个世界上所有的美好！

　　善解人意是爱的一种体现。一个能体谅人、体贴人、善待他人的女人，很容易获得别人的尊重和爱慕。荷西之所以深爱三毛，有一个重要的原因，就是三毛懂他。这种懂，便是一种爱，尽管有时不是男女之爱。有时候，荷西做的事情在别人眼里可能很奇怪，但是三毛却能够理解。

　　有责任感是爱的另一种体现。说到责任感，有些人首先想到这是说男子呢，男子要有责任感嘛！其实，女人何尝不需要呢？无论在工作或者生活中，每个人都要扮演好自己的角色。不是只有男人要有担当，女人也应该有。另外，女人还可以为男人分担一些工作的压力，而不是鳌天唠唠叨叨，那样谁受得了呢?

还有，女人不要忘了爱自己，记得要保持自我，不要丢掉自己。很多时候，女人把爱别人当成己任，甚至为此可以牺牲自己，放弃自己。若如此，便没有了自主性和独立性，这是非常可怕的事情。三毛之所以受到那么多人的喜爱，是因为她即使嫁为人妇，却依然保持着自己独有的个性。

所以，女人爱谁，都别忘了爱自己。照顾好别人的同时，也要爱护好自己；经营好爱情，更要经营好自己。女人要有自己的事情可做，要有经济独立的能力，要学会独自享受生活，爱生活。

只有心中充满了对这个世界和对生活的爱，才能让生活充实、快乐起来，这才是女人真正该有的风采。

八分的爱情更平实

再见小秋的时候,是她结婚半年以后。小秋是单位的小同事毕业后,就分配来我们单位工作了。她长得玲珑娇小,性格也很开朗。这样的女孩,很难让人不喜欢。

她从来不讳言将来要嫁个富二代。其实,她有这样的想法也没有什么错,代表着部分女孩真实的想法。常言说,女人生得好,不如嫁得好。谁不想舒舒服服、惬惬意意地过生活?

小秋在参加朋友的一次婚宴中,终于认识了一个富二代。两人可谓一见钟情,感情迅速升温,三个月后,她们就结婚了。

结婚前,小秋辞掉了单位的工作,一心要过少奶奶生活。

虽然很多人并不看好他们的婚姻,但是我们大家还是都送上了真挚的祝福。

半年后再见小秋,她已经离婚了。她整个人憔悴不堪。她说:我十分爱他,一心一意地想和他过一辈子。但他为什么总是辜负我呢?

十分的爱!这是一句恋爱的口头禅。如果爱有十分是圆满的话,恐怕那样的爱迟早会夭折。正所谓"月圆则亏,水满则溢",爱满则损!

这世间,多少男女由情侣变成了怨偶?

当今社会,用字频率最高的也许是"闪"字吧!闪爱,闪婚,闪离。"闪"似乎已经成为人们推崇的时尚和潮流。什么都在提速,火车在提速,网络在提速,爱情、婚姻也在提速,还有什么需要去用心经营呢?

年少时爱一个人,总会毫不犹豫,毫无保留,倾其所有地去爱。那时那么傻气,那么固执,那么相信,认为这场爱情是人生中最珍贵的体验。许多人都会坚信,只要好好爱下去,终究会有一个如愿的结果。可是世事无常,一切都会改变。

你爱的那个人,他的新娘到头来也许不是你。如愿以偿走入婚姻的,有时也会发现婚姻不是一马平川,它沟沟坎坎,蜿蜒曲折,甚至荆棘丛横。当然,更多的人在婚姻里看到了鲜花烂漫。

然而,终究还是要感谢婚姻,若没有婚姻,爱情将何处安身?

处在婚姻中的女子,无论现在如何幸福和稳定,也要保持自省和警醒。别以为走进婚姻就是安全的，女人应该学会问自己，如果有一天失去丈夫的庇护，还有勇气很好地生活下去吗？作为新时代的女人，应该具备独立生活的能力。

所以，无论你遇到什么样的男子，请保持原来独立的人格，你不应该在爱情或者婚姻里迷失自我。有的女人选择削足适履，最后就失去了自我，这是相当悲哀的事情。女人应该知道，不该偏执地去爱一个不爱自己的人。在婚姻和爱情中，如果一个女人不断放低自己，那么换来的常常是对方的轻视、冷漠，甚至是得寸进尺。

有爱情的时候，女人不妨做一朵花，盛开在琐碎的日子里，温暖又不失窈窕。没有爱情的日子，要学会做一棵树，一棵坚韧又不失柔软的树。

吃饭要吃八分饱，免得消化不良。爱情也只要八分饱，留下两分爱自己。飞蛾扑火式的爱情固然凄美轰烈，可一旦爱情过期，你是否有勇气收拾一地的狼籍？

八分的爱情不见得华丽，却平实；不见得轰烈，却雅致。

感谢你
赠我一场空欢喜

在网上看到一个女孩的微博,不是特别关注的对象,只是偶然看到的。她发了一条微博,大致内容是:

她今年高考成绩不错,超过了一本线,但因为自己的男友只上了二本线。为了和男友在一起,她放弃了一本院校的填报志愿,而和男友一起填了一个二本院校。但天有不测风云,感情的事更是飘忽不定,因为种种原因,男友和她分手了,女孩感觉自己很悲惨!

这样的事,身边也有人经历过。表妹大学毕业后,在上海找到了一份好工作。他的男友是北方人,家住某县城。原本两个人决定在上海发展,但男方家长不愿儿子离他们太远,男孩的父亲在某单位给儿子找了一份工作,要求男孩回本地发展。男孩开始是不愿意的,但经不起父母的劝诫,而他本人又是个孝顺的孩子，最后答应了。表妹为了所谓的爱情，也辞掉上海的好工作，跟着男友回到了他的家乡。

起初，男方家人对表妹还不错，但后来渐渐变冷淡了。县城太小，男方父母找的几个工作都不适合表妹，不是工资太低，就是工作环境太差，而且专业也不对口。还有，表妹的心理落差太大，加上南北饮食和生活的差异，表妹心情很差。男友开始还安慰她，慢慢地就不对劲了，渐渐对表妹有了诸多的责备和埋怨。

就在表妹还在为适应环境和改变自己而努力的时候，有一天她男友说："我们分手吧！你不适应这里，而我也不可能离开这里。"

或许，他说的话是有一定道理的，但还有一个重要的原因，男孩已经和本地一个门当户对的女孩好上了。

表妹举目无亲，欲哭无泪。幸好她性格要强，不是那种只知道哭哭啼啼的柔弱女孩。她没有做任何极端的事，只是收拾好行李，重新回到上海打拼。

转眼十年过去了，她不仅有了自己稳定的事业，还有了一个美满的家庭。

回首当年那段不堪的往事，她说："千万不要为了爱情彻底丢掉自己啊！男人承诺你的时候，谁知道未来会发生什么状况呢?完全丢掉自己,是一件很危险的事情。女人还是要懂得坚守自己,宠爱自己。"

她还说,在爱情受挫的时候,你可以忧伤,但要坚强!

年轻的时候,我们的确不懂爱情,常常会把过客当成挚爱。但过客就是过客,不管你付出多少深情厚谊,最终他都不是你生活的男主角。其实,在青葱岁月里,我们都会做傻事,做错事。幼稚,不听劝,瞎折腾,不断彰显所谓的个性。当碰过壁,受过伤,流过泪,我们才知道这是年轻必须要付出的代价。

盲目为爱情牺牲全部,不是呆萌,而是傻瓜。

女孩都爱幻想,都渴望一段纯粹的爱情,可是现实告诉我们,生活不是偶像剧,别被剧里的那些狗血剧情熏陶傻了。爱情如果不是建立在实实在在的生活中,就是空中楼阁,不接地气,注定要轰然倒塌。为了所谓的爱情而放弃自己的人生目标和价值,委曲求全,一旦遇人不淑,后悔都来不及!

浪漫的、充满激情的爱情固然美好,但是当遭遇柴米油盐酱醋茶的时候,往往都要败下阵来。爱情也离不开人间烟火,它不过是生活的一部分。一个人活着有很多责任,有很多事要做,如果因为爱情,而丝毫不考虑现实,是很难生存的。

恋爱和婚姻不一样。很多女人结婚后,可以为了家庭为了婚姻,选择隐退,相夫教子。这是在婚姻双方的共同友好协商下所达成的共识,是比较稳定和具有可行性的。但也有些女人,却可以做到家庭事业两不误。这样的女人,是人生大赢家。

所以,感情固然重要,但是也不可随意丢掉自己。女人足够优秀,才会让人喜欢和欣赏。别担心你的成就高过他,会让他没面子。如果这个男人不思进取,那你要这样的男人干吗?

其实,如果那个男人真的爱你,他一定希望你更好,不舍得让你牺牲自己的美好前程。而你若一味拉低自己,那么作为不同平台交流的两个人,最终的结果不是你累了,就是他厌倦了。

而恋爱,作为婚姻的最初级阶段,纵然美好,却也充满了变数。在你还没确定这个男人是否值得你托付终身,是否愿意和你一同走进婚姻殿堂的时候,就盲目牺牲,这不是明智之举。更可悲的是,当两人分手以后,还一味沉浸在悲伤之中而不能自拔。

虽然,我们都有一个美丽的信念,相信苦尽甘来,相信"山重水复疑无路,柳暗花明又一村",可是现实是现实,当我们不能很好地准备好自己时,拿什么爱别人,别人又怎么爱你?所以,努力提高自己才是最明智的。

总而言之,女人要对自己负责,要对自己的未来及人生负责,你现在的态度,决定着你未来的生活质量。

女人学会爱自己,
什么时候都不晚

前些日子,繁忙的工作告一段落后,我悠闲地在家里宅了一段时间。这段时间,我重温了旧日偶像剧《东京爱情故事》。

之所以想起这部经典日剧,是因为无意间又看到了有关铃木保奈美的消息。她是《东京爱情故事》里女主角赤名莉香的扮演者。她扮演的赤名莉香,是个明朗至极的女孩,有着甜美灿烂的笑颜,追逐爱情时特别坦率,不管结果如何,哪怕头破流血也要勇往直前……铃木保奈美赋予了赤名莉香跃动的灵魂,让这个本是漫画形象的人物活了起来,给观众留下了难以忘怀的印象。

什么是经典剧,那就是让你看了还想看,并能从中得到许多共鸣和感悟的剧。《东京爱情故事》无疑可以毫无愧色地跻身经典剧中。当初看这部剧的时候,青葱年少的我,对感情里的太多东西都还懵懵懂懂,甚至完全不能理解。但赤名莉香对爱情和人生的态度，对我产生了巨大的影响，至今难以磨灭。

记得最后一集中，赤名莉香的课长对着三年后的永尾完治说了一句话：如果是现在的你，应该会适合赤名莉香吧？

三年前，永尾完治从乡下来到东京。他尚未成熟，缺乏自信，甚至有些许的自卑。但就是这么一个人，却被从小在美国长大，热情、活泼、爽朗的赤名莉香爱上了。赤名莉香是这个城市里第一个接纳他的人，但永尾完治对赤名莉香更多的是感恩，而并非爱情，这注定是个悲剧。永尾完治在关口里美和赤名莉香两个女孩之间徘徊。赤名莉香一次次被伤害，但她一次次选择了原谅。每次受伤，她总是用微笑掩饰内心的痛。

最后一次约会她决定失约，也是为自己的感情作一个了断。她等了那么久、那么多次，最后，也应该让她失约一次了。在车站，赤名莉香知道永尾完治会来找她的，但在他赶到之前，赤名莉香毅然转身走了。因为，她知道她无法得到这个男人完整的爱情。

三年后的某一天，他们又在街角偶然相遇。但是时过境迁，花开花谢，永尾完治已经和关口里美结婚。而赤名莉香留给永尾完治的，依然是无比灿烂的微笑，和一个洒脱的转身……时至今日，她倔强的微笑依旧令我记忆犹新。

《东京爱情故事》告诉我们，爱情的结果常常不由人的意志来决定。你爱的人和你要嫁的人，常常不是一个人。

最后一次约会，赤名莉香失约，当年我很不理解这一举动，认为只要她再等一等，就能等到永尾完治，就能和永尾完治在一起。但现在看来，赤名莉香的转身无疑是正确的。想起西蒙·波娃说过的一段话："我渴望能见你一面，但请你记得，我不会开口要求要见你。这不是因为骄傲，你知道我在你面前毫无骄傲可言，而是因为，唯有你也想见我的时候，我们见面才有意义。"

赤名莉香是个好女孩，但她爱错了人。或者说，她爱的那个男人并不了解她，他只看到了赤名莉香表面的倔强，但看不透她内心的柔软。她也是需要疼爱和呵护的。或许赤名莉香太擅于掩藏自己的伤口了，所以在完治眼里，独立而坚强的赤名莉香是不太需要自己的，她没有自己的陪伴，也能好好生活。所以，他最后选择了看似柔弱却很有心计的关口里美。

男人天生就有一种保护欲，有时候女人在男人面前学会适当示弱，并不是坏事，对不对？

不管是因为赤名莉香爱错了人，还是因为永尾完治不懂赤名莉香的柔情，正所谓"道不同不相为谋"，归根结底他们不是同路人，所以赤名莉香才会爱得那么辛苦。

也有人说，不要做像赤名莉香这样的女孩，因为那会很累。

她事事都要自己去面对,软弱的时候也没有一个可以依靠的肩膀。可是,很多时候,有很多事是要一个人去面对的,如果你自己不坚强,谁会为你的软弱买单?

只有爱自己,肯定自己,肯深刻地了解自己,你才能知道自己想等的是谁,要的是什么。

赤名莉香深爱过永尾完治,但也最终明白永尾完治不是自己的那盘菜,于是果断放弃。在感情的世界里,她是有洁癖的,希望自己是对方的唯一,而不是第一,而永尾完治给不了她同等的爱。或者说,永尾完治配不上赤名莉香这么美好的爱情。所以,她宁愿玉碎,不为瓦全。正因为这样,她倔强的微笑才会让人那么心疼。

放弃也是一种成全,成全别人的同时也成全了自己。既然我想要的你给不了,而我给你的你又不懂珍惜,那就这样吧!这样分开后,我还认识你,不过不想再见你。你过得好,我不会祝福你;你过得不好,我也不会嘲笑你。我们从此形同陌路。你的世界不再有我,我的世界不再有你,我没有必要再珍惜你。抱歉,我失去的,也是你失去的。

女人学会爱自己,什么时候都不晚。面对重要的人时,很多女孩总是习惯性把自己看得很轻很轻,可是你不把自己当回事儿,别人更不会把你当回事儿。你可以在生活中弯腰,但绝不要跪求爱情。记得有人说：真正美好的爱情，不是一个人轰轰烈烈对另外一个好，另外一个始终端着架子等天上掉馅饼，这样的爱情太勉强。最美好的爱情，是一个人说，"我喜欢你"，另外一个则说，"我也是"。然后两个人牵着手，默契地往前走。

《东京爱情故事》中这个唯美的爱情故事，告诉女孩一个道理：对那种感情游离、优柔寡断的男人，请敬而远之。

也许，再聪明的女孩在爱情面前，都会翻跟头。所以懂得拒绝、放弃、止损，很重要。很多东西，你越想要，反而越得不到。偶尔的拒绝，反而会带来意想不到的结果。感情如果已经没办法继续，不如果断放弃。太多情感倾注到一个不懂得珍惜的人身上，那是可怕的浪费。所以，"宁可高傲地发霉，也不低调地凑合"，及时止损无疑是明智之举。

许多都市白领姑娘将赤名莉香引为同道中人，她们大都聪明、自信、开朗，在爱情方面富于理性、勇敢、坚强，保有尊严和独立人格。她们追求百分百的爱情，勇于付出，敢于面对。她们有足够的能力让自己过得更好。但是，她们也会被爱情刺得体无完肤，不过可贵的是，她们伤过痛过，却依然笑靥如花。

女人最佳的品质是淡然和温暖。赤名莉香无疑就是这样的女孩子。她用华丽的转身完成了自己感情的蜕变。多年以后再见,已经是云淡风轻了。爱情,本就是一件宁缺毋滥的事,就算没有人爱,你都要爱自己。前路多么广阔,你终会遇到你命中的那个人。

以最美的姿态，
迎接属于自己的爱情

某晚，又看电视节目《完美告白》，被一名广东女孩的经历和告白深深打动。

女孩出场的时候，高挑的身材穿着一件黑色的蓬蓬裙，一头长发自然地披散在肩上。一上场，她就跳起了劲舞。虽然舞蹈动作很生硬，但她跳得很投入。

舞蹈完毕，还没等主持人开口，她就自我解嘲说："我知道我的舞蹈跳得很烂，但我就是想用舞蹈来向我喜欢的男孩表白。"话刚说完，她做出了一个惊人之举。只见她手起发落，原来她那一头秀发是假发。她把头套拿下来，露出了光头。这让大家大为震惊。

这女孩到底经历了什么？

原来，女孩爱上了一个发型师，可谓是一见钟情。为了能经常看到这个发型师,她三天两头就往那家发型屋做头发。虽然不是每次都由那个发型师给她服务,但只要能看到他,即使不说话,女孩也心满意足了。

看她频繁来店里做头发,那个发型师曾善意提醒她,头发不能这样来回折腾,长期下去,对头发和身体都不好。他的这一提醒,让女孩感动了很久。她更加迷恋发型师,来发型屋的频率更高了。

她的头发,不幸被他言中,由于长期使用药物,她的头发开始大把大把地脱落。她很害怕,不得已去看医生。医生说,她的发根被严重破坏,不确定将来是否还能长出头发来。

没有了一头秀发,女孩再也找不到去发型屋的理由。但她又不甘心就这样错过一见倾心的人。纠结了一段日子,她决定为自己争取一次爱的机会。于是,鼓足勇气求助节目组,希望他们帮忙找个机会,让她向发型师表白。

当初有那么多机会,女孩为何不直接向男孩表白呢?

原来,在此之前,女孩有过一次感情经历。她爱过一个比她小的男孩,而且是她主动追求的。但她全身心的付出,换来的是小男友的背叛。小男友拿着她挣来的钱花在了另一个女孩身上。这个女孩知道真相后,和小男友理论,没想到小男友不仅没有一点愧疚之意,还动手打了她。女孩的手臂上至今还留着几道触目的疤痕。

一朝被蛇咬,十年怕井绳,她心里的阴影一直挥之不去。现如今,哪怕遇到喜欢的男孩,她也不再敢主动表白,只能用近乎自残的方法默默地去爱一个人。

她说,我知道很多人都笑我傻,为一个还不知道和我有没有未来的男孩这样伤害自己,真的不值得。可我就是喜欢他,为了能看到他,傻点又有什么关系呢?

主持人问她,如果那个男孩已经有女朋友,不接受你,你怎么办?

女孩含着眼泪说,我会祝福他们,只要他过得幸福,我就开心了。

是的,爱就是你幸福我就快乐。至于那幸福是不是自己给的,有什么关系呢?只要你好,那我一切都好。

很欣赏女孩对爱情的态度,但很不赞成为爱而自残的方式。如果爱,就好好爱。爱,需要勇气,需要大声说出来。

幸好啊!她爱的这个男孩还没有女朋友。他安静地听着女孩的表述,温和的表情渐渐有了微妙的变化。女孩边说边哭,男孩好几次都轻轻为她拭去泪水,看得出他自己也强忍泪水。

女孩最后说,我喜欢你啊,真的很喜欢……

说完话,她不敢再看男孩一眼。她怕啊!怕被拒绝,怕得不到自己想要的答案。这一刻，时间似乎是静止的，她在等男孩的回答。

镜头里的男孩，眼里噙满泪水，他张开双臂，轻拥女孩入怀，哽咽地说："你怎么那么傻啊，傻得让我心疼……"

再也没有比这更好的答案了。

心疼，只有懂得怜惜的人才会心疼。这一刻，有泪可落，却不悲凉。看完这一幕，我的心都被融化了。他们最好的年华，才刚刚开始。

我们，都希望在最好的年华里遇见一个人，可往往是遇见了一个人，才迎来最好的年华。最好的爱是什么呢？想起村上春树是这么说的：如果我爱你，而你也正巧爱我，你头发乱了的时候，我会笑着替你拨一拨，然后，手还留恋地在你发上多待几秒；但是，如果我爱你，而不巧你不爱我，你头发乱了，我只会轻轻地告诉你，你头发乱了喔。

这大概就是最纯粹的爱情观吧！如若相爱，便携手到老；如若错过，便护他安好。不过，不是每个自虐的女孩都能像这个女孩一样幸运，最后得到了爱的回馈。所以，女孩无论何时都要宠爱自己，然后以最美的姿态，迎接属于自己的爱情。

第四章

内外兼修,底气来源于你的实力

颜值即正义？
第一印象很重要

在很多相亲节目里，男嘉宾上场时常因为紧张而语无伦次。女嘉宾便认定他在场外也必定是内向腼腆，交际能力差。即使男嘉宾稍稍镇定后解释说自己实际上是个很活泼好动的人，女嘉宾也总是难以相信。

这就是"第一印象"的结果。第一印象对后面所获信息的理解有着强烈的定向作用。也就是说，第一印象是难以磨灭的，在人们的头脑中占据主导地位，即使后面的信息与前面的信息不一致，也会倾向于前面的信息，按照前面的信息去解释后面的信息。这就是心理学上著名的"首因效应"。

很多演员的星途不顺或事业滑坡，就是缘于第一次出演的角色，在那之后他们所接的本子都是要他们出演某一类的角色。不少演员不惜自毁形象演起了反差特别大的角色，为的就是颠覆过去的角色,却大多很难成功。为什么?就是因为观众对其第一个角色的印象太深了。可见第一印象的影响深远。

　　心理学研究发现,第一次见面,45秒就会形成第一印象。不注意第一印象,或不注意自己给对方留下什么印象的人,会在很多方面吃亏。

　　素素面试失败了,有点沮丧。她的朋友不敢相信,因为她是个很优秀的女孩:能歌善舞,从小就学二胡,虽说不是一流水平,在普通人里面也算有音乐素养了。朋友们都把她称为"明星",平时经常开玩笑说,"请我们的'明星'给大家露一小手……"不过是去应聘某中学的音乐老师,怎么会失败了呢?

　　原来,她平时就喜欢穿奇装异服,追求艺术范儿。指甲留得很长,还染成黑色,给人很诡异的感觉。校方就是看到她这副打扮才一致决定不录用她。尽管他们对她的学历及才艺很满意。因为这毕竟是学校,既怕学生家长接受不了,又怕她的打扮给学生负面影响。

　　素素的问题就在于着装没有注意场合,把平时的着装习惯带到了面试中。如果这样的形象出现在画廊或者大街上,估计都没有人会多看一眼。可这是在正规的学校,校方当然会被"吓"到。素素也因此失去了一份理想的工作。

　　总结起来,女孩子要想给人留下一个好的第一印象,需要注意以下几个方面。

一、穿着得体，服饰整洁

穿戴是否整洁包括头发乱不乱，指甲剪没剪，及个人卫生等基本方面。关于穿着得体，这里小小提醒一下。兼职人员或实习生，虽然所在公司对自己的着装不会作强制要求，但也不能懈怠。最好穿得正式一点，这样的穿着更容易获得公司同仁的尊敬。

二、举止得体，注意仪态

举止得体即保持恰当的言行举止。比如，不要大声说话或说个不停，不要不经过别人同意就坐在人家的座位上，不要私自翻动别人的东西等。这些细节要靠我们平时多注意。仪态方面是指坐着、站着以及与人交谈时的姿势、表情、眼神。对于女孩来说这也是门功课，建议买本这方面的书好好翻看，系统学习一下。

外表给人的第一印象，是第一张名片。在生活节奏如此之快的社会，很少有人愿意花时间去了解一个给他第一印象不好的人。对于一个女孩子来说，尤其如此。虽然社会上有很多声音说"不能以貌取人"，可实际上，一个第一印象给人"美丽大方"的女孩总能让人好感倍增，无论是在工作还是感情上都会得到命运更多的垂青。

声音是女孩
"裸露的灵魂"

气质赋予女孩神奇风采。对于男人来说,如果一个女孩让他惊艳,那是漂亮;如果一个女孩从内心打动了她,那一定是因为她的气质。谈吐高雅的女孩最有气质,而谈吐高雅首先体现在优美的声音上。

戴安娜王妃的美丽有目共睹,人们称她为"英伦玫瑰"。戴安娜王妃很重视自己的身材。为了让查尔斯王子喜欢自己,她经常把吃下的东西吐出来以保持苗条的身段,结果患了严重的呕吐症。回忆起此事,查尔斯王子不但一点也不感动,还厌恶地说道:"我的蜜月全是呕吐的气息。"

戴安娜的身材非常完美,但并没有留住查尔斯王子的心,查尔斯一直痴恋着另一个女人——卡米拉。卡米拉与戴安娜简直不能相比,她是一个非常普通的女人。这个普通的女人有什么魅力,怎么会撼动皇室婚姻呢?一些谴责她的人给了世人一个很好的解答:"客观地说,熟悉卡米拉的人都会觉得她的确是个让人喜爱的女人。聪明、风趣,富有魅力,文学艺术、政治经济她都有涉及。私下里,她热情奔放。"尤其是听过卡米拉声音的人,形容卡米拉的声音"倦慵,悠缓而性感"。查尔斯对卡米拉述说苦闷的时候,卡米拉柔声安慰:"哦,亲爱的,我希望我能够帮你做什么,我愿意为你做任何事。"这时她一定用着这种"倦慵,悠缓而性感"的声音。

查尔斯痴恋她一生,最终选择她做王妃,与总是能打动他内心的这个女人的声音多少分不开吧。

古希腊有位名叫伽林的医生曾经说过:"声音可以反映出一个人的灵魂。"也有人说,声音是人的另外一张脸。声音是有表情的,它演绎着现实世界中那个人的本身。你可以从电话里的声音辨认出对方来。骄横的声音后面是一个张狂的人,期期艾艾的声音后面是一个谨小慎微的人,还有温婉的声音,粗糙的声音,尖细的声音,刻板机械的声音……

女孩的可爱有三种:声音、形象、性情。悦耳的声音中注入的是女孩精彩的人性、良好的素养以及真实动人的性情。

女孩的声音也是一件秘密武器呢。很多精明的男士曾感慨过:工作中,都有被某个女孩那句软软的、带着一点点请求,又带着一点无奈的"帮帮忙嘛"打动过,最后作出让步和妥协,哪怕只是一点点。

女孩的柔美声音总是能给自己增加更多的自信,给别人更多的美感,成为穿透心灵的旋律,从而收获很多生活的惊喜。

只是女孩们不知道,声音也是可以训练的。例如播音员的声音就是训练的结果。声音是可以控制、把握、驾驭的,声音也可以变美或变丑。学习借鉴下面这些有代表性、有征服力的声音,注意它们的发音要领,给自己的声音做个"SPA",美美容吧。

柔媚的声音

代表人物:林志玲

特点:绵长柔软,风情万种

发声要领:多结合鼻音。嘛、嗯、呢是常用字,一般位于句尾,带点鼻音往长拖一点儿。

注意事项:不能太刻意,否则就会适得其反,引来同性"板砖"、白眼无数,使得男士鸡皮疙瘩满地。

甜美的声音

代表人物:邓丽君,twins

特点:清甜秀美,让人怜爱

发声要领：语气助词呀、喽、啊作衬，用升调但不是捏起嗓子说话，让声音变尖变细。这样只会让人怀疑你的心理年龄。尤其是如果你的长相与纯真一点不擦边的话，那就只会让人慌不择路地逃跑。

注意事项：淡淡的羞涩比较匹配。

磁性的声音

代表人物：蔡琴、莫文蔚

特点：低缓，稍沙哑，悦耳

发声要领：在说话的时候不要太使劲，多结合一点气息，让声音不要太实。

注意事项：不要只剩气流而变得虚弱无力，还有，强调成熟优雅性感而非苍老。

从下面这些方面综合提升你的声音感染力，修饰你的声音，利用你的声音，让声音为你的气质服务。

吐字：吐字清晰，语音规范。与人交流，把话说清楚是最基本的。如你明明说的是"被子"，人家听到却是"杯子"。另外，说普通话不掺杂地方口音。

音量：以对方的舒适度为准。说话时用力，音量就大；反之则小。如果不是距离远，就尽量保持适中的音量。因为声音太大,会给人命令、强制的感觉;而太小,又会显得你缺乏自信,比较害羞。

音速:不要太快,适当的时候要停顿,以保证对方听清你的意思。有的人说话像机关枪扫射,给人的感觉像是在吵架,语意含混,最后"欲速则不达"。

音质:指声音的个性特色。以圆润为妙,如果先天音质不佳,可以用语调语速来弥补。

气息:气息要收放自如。

音调:音调低一些起到的沟通效果会更好。音调高,鼻音就会提高,让人有不舒服的感觉,还显得不稳重。轻重缓急,抑扬顿挫,运用变化有度的语调,能极大修补先天音质的不完美。不信,你试着用同一个音调念这句话:"这位先生,请问,去贵都宾馆怎么走?"再用不同的语调对比一下,就感觉出来了。

二十几岁的女孩要懂得,美好的声音是宝贵的资产。发挥你女性特有的声音优势,为自己的气质做最好的注解吧。

认知自己，控制情绪

"情绪"就是人对客观事物的一种反应。生活中，我们会遇到各种各样的事情和人，情绪也会随着起伏变化。好的情绪是正面情绪，如快乐、自信、愉快、感激、同情、安稳、关怀和被爱等，可以使我们处于一种健康积极的精神状态。在这种状态下，我们的思维清晰，精力充沛，处理起各种事情来都能得心应手。因此这些情绪被称之为"动力性"情绪。坏的情绪就是负面情绪如愤怒、怨恨、急躁、不满、忧郁、痛苦、被拒绝、失意、焦虑、恐惧、嫉妒、羞愧、内疚等。它会影响我们对生活的信力，减损我们的创造力，因此被称为"耗损性"情绪。

现代心理学指出，人有九种基本情绪，它们分别为：兴趣、愉快、惊奇、悲伤、厌恶、愤怒、恐惧、轻蔑和羞愧。除了前三种是正面的和中性的，其他六种都是负面的。难怪美国心理学家南迪·内森说："人的一生基本上有十分之三的时间是在负面情绪的笼罩下,因此每个人都在与消极情绪做着持久的斗争。"作为一名现代女性,除了要应付人类与生俱来的坏情绪外,还要面临现代社会带给女性的各种境遇和挑战。如果我们不会控制和管理这些情绪,任由它们蔓延,就会吞噬我们所努力建立的一切。

一位著名的台球运动员,因为在打球时发现有只苍蝇屡次落在主球上,情绪坏到了极点。一怒之下用球杆去击打苍蝇,不小心动了主球,被判击球犯规,失去了一轮机会。因为这个事故,本来比分遥遥领先的他给了对手反超的机会,最终落败。

这位运动员的事情告诉我们:如果不能做情绪的主人就必定会成为情绪的奴隶,一件很平常的事都会变得无法收拾。

一个生活在好情绪状态下的女人,她本人以及她身边的一切都会呈现出非常好的状态。好情绪胜过世界上最好的美容护肤品。早在1930年,英国医生爱德华就观察到:一个不快乐的人气色就差,也容易生病。情绪上的不快乐,如果没有得到适当的控制和调整,将会在身体里形成负面能量。世界著名化妆品牌欧莱雅集团亚太区总裁Donohoe Denis说:"负面情绪会影响睡眠。不好的睡眠往往会弱化肌肤在晚间对抗自由基的能力,导致皮肤更快老化。"

那么如何才能为自己的情绪负责呢？就像控制疾病一样，最好的办法不是等症状出现了才治疗，而是有效的预防。不妨给自己打个预防针，避免陷入坏情绪的泥沼中。

一、找人倾诉

当你感觉自己有点小郁闷，或是有一些不能释怀的烦恼，不如找个朋友倾诉。如果你把快乐与人分享，快乐就成两份；如果你把痛苦与人分担，痛苦也会减半。倾诉的力量超过你的想象，有些问题就在你倾诉的时候忽然有了答案。

二、适度运动

当你发现坏情绪来袭的征兆时，不妨换上运动装，做做运动吧。跑步、打羽毛球、游泳、跳健美操、练瑜伽等，这些都可以让你的坏情绪知趣地"跑开"。

三、泡个热水澡

繁忙的工作过后，回到家，放上一池热水，让身体往温暖的水里一躺。每个细胞、每根神经、每个毛孔、每块肌肉都会得到最好的呵护和放松。它们放松的时候，就是精神得到放松的时候。热水澡可以让你烦躁的心情平静下来，压力得到缓解。泡过热水澡后，美美地睡上一觉。第二天，一切不好的情绪都会烟消云散。"鞋里的沙子"已处理干净，你会发现又一个崭新的自己上路了。

四、吃点水果

科学证明,水果中富含大量的纤维素和其他营养成分,可以降低情绪不佳所引起的血糖升高。不妨给自己买点水果,做个简单的水果沙拉,既美容又预防坏情绪的进一步侵袭,岂不惬意?

五、听听音乐

音乐能很好地平复情绪。抒情的曲调会把人引到空灵宁静的氛围中。快节奏动感的音乐可以兴奋脑神经,很多人都喜欢用音乐来驱赶忧郁的情绪。

角色变换：大女人还是小女人

在现代职场的激烈竞争中，无论男人也好，女人也好，永远要靠实力说话。所以，做"女强人"是现代职业女性的必然选择。

一说到女强人，每个人首先想的就是女强人喜欢在事业和生活中支配一切，不温柔，无情趣，把精力都放在工作上，不懂得享受生活、照顾家人。其实，当代"职场上的女强人，生活中的小女人"的例子是很多的。聪明的女孩绝对不会把职场上的自己带入到日常的生活中去。一个在商场上叱咤风云的女总裁，回到家或者在朋友中间，仍然是风情万种的"小女人"。

邓亚萍是我国著名的乒乓球世界冠军。当年，只有15岁的邓亚萍首次进入国家乒乓球队，并很快显现出非凡的技艺。几乎在同一时间，比邓亚萍年长两岁的林志刚也加入了国家队男队。来自广东的林志刚左手横握球拍，反胶弧圈球快攻的打法，在他那一代男队员中非常突出。共同的事业和追求把他们连在了一起，向来喜欢刻苦钻研的邓亚萍常找林志刚切磋球技，林志刚也乐于当邓亚萍的陪练。慢慢地，这两个年轻人产生了朦胧的情愫。他们恋爱了。二十多年后，两个年轻人分分合合，终于结束了这段爱情长跑，喜结连理。

　　在事业上，邓亚萍是个不折不扣的女强人。无论是在打球时，还是在退役求学的过程中，或是在工作中，她身上总有一股永不服输的劲头。退役后，英语水平几乎为零的邓亚萍重新拾起课本，毅然去北大攻读英语。邓亚萍要面对的困难可想而知。但越有困难越有挑战，邓亚萍就越勇于面对。打乒乓球时，邓亚萍被专业人士夸为"脑筋灵活剔透，球路变化诡异"。但学英语，只能是踏踏实实，一步一步地打基础。那时的邓亚萍视力竟然从1.5迅速降到0.6，头发也大把大把地掉落。

　　当英语对她来说不再是问题时，邓亚萍发现自己还远远不够，又开始攻读硕士，硕士读完又到剑桥读博士。但在爱人林志刚面前，生活中的邓亚萍则是地地道道的"小女人"的姿态。身为家庭主妇的邓亚萍将所有赛场上的锐气消退殆尽，化身为一个温柔可爱、风情万种的美丽女子，经常亲手下厨给老公做一顿丰盛可口的饭菜。怀孕时，邓亚萍曾经在事业和生孩子之间犹豫徘徊，但她最终决定生下孩子，做到事业家庭两不误。如今，身兼女强人、妻子和母亲的邓亚萍是成功的。

无论女强人在外面取得多大的成就，如何威风八面，这也只是她的角色之一。女人要时刻记得自己应该回归的角色。当有男士在场时，你是那个让男人为你开车门、提袋子的小女人；在工作场合中，你是那个巾帼不让须眉的女强人，即使有千斤的重担交给你，你也要做出一副力能拔山的姿态，不要让别人看扁你。

一次，英国维多利亚女王与丈夫吵了架，丈夫独自回到卧室，闭门不出。女王回卧室时，只好敲门。丈夫在里边问："谁？"维多利亚傲然回答："女王。"没想到里边既不开门，也无声息。女王只好再次敲门，里边又问："谁？""维多利亚。"女王回答，里边还是没有动静。女王只得再次敲门，里边再问："谁？"女王柔声回答："你的妻子。"这一次，门开了。

女孩会不服气：女人在生活中一定要扮演弱者的形象吗？难道女人不可以一直强大吗？其实，做个"小女人"并不是要你在世人面前做出一副楚楚可怜的弱者姿态，而是要以平等的心态去对待身边的人，不要刻意地逞强，甚至抢了本来应该属于别人的风头。小女人懂得如何通过示弱让男人有面子，有尊严；小女人懂得如何做一个温柔的妻子；小女人懂得耍耍小性子，发发小脾气，做朋友的开心果。小女人并非一味地"小"，正相反，小女人时弱时强，既让男人不可小看她，也不会觉得有压力。所以，"示弱"是女人的一种处世策略，世人并不会因此而否定你真实的能力；相反，他们会因为你给予他们展示能力的机会而对你心怀感激。

不过，要记住的是，小女人的角色只能是生活中的。当你身在职场时，你要相信，自己和男人，和任何人都是一样优秀的。传统观念对女人的成见很深，一般认为能力强过男人的女人是不招人喜欢的。女人大可不必为男人和社会的这种成见而改变自己的角色定位。要知道，女人放弃自己的事业和工作是无法换来幸福的。在生活中做小女人，是为了别人更喜欢你；在职场上做女强人，是女人对自我的尊重和肯定。

可以聪明，
但别太精明

现代社会人际关系错综复杂，单纯无辜、花瓶似的傻女人会让人"我见犹怜"，没有设防之心。但这样的女人要想在这个社会上立足，显然是困难重重的。要做一个成功的女子，聪明是必备要素。没有哪个老板不欣赏这样的女人，她们目光远大，有自信，善于团队协作，工作能力强；没有什么人不喜欢和聪明的女人打交道，在她们面前不必做非常详尽的解释就可以有很好的默契，让一件事情顺利地进展，最终得到圆满的结果。但聪明并不意味着精明。聪明的人让人有好感，精明的人只会让人敬而远之。这就是聪明和精明导致的不同结果。

在生活中，有些女人并不知道自己的"精明"给丈夫的人际交往带去多少损失。她们"教育"自己的丈夫不要犯傻，不要被朋友算计，请客吃饭不要争着自己买单，学精点儿……天长日久，这样的丈夫会在他的朋友圈中备受排挤，让人小看，亏是没吃，福也轮不到，朋友渐渐疏远他，原因就是他有个精明的老婆！这样的女人不在少数，她们会认为自己做的是对的，本来就是些狐朋狗友，失去了也不可惜。殊不知，多少日后成事的人靠的就是最初所谓的狐朋狗友。

  精明的女人脑瓜灵、嘴灵、腿灵，却容易给人心机重、世故、不好打交道的感觉，还会被人贴上耍聪明、搞小动作、自我感觉良好、盛气凌人等的行为标签。有些女人在职场上也因为自己的精明妨碍了自我的发展。

  小王是一位海归，有着洋气的外表、一口流利的英语、出众的能力，但是她在一家公司干了两年半，却一直得不到提拔。后来，她无意中从同事的私下议论中听到了原因——她的老板说："其实，小王是职员中比较出类拔萃的，我很想提拔她。每次给她的任务，她都能很出色地完成，可是她总是太过于强调自己完成的那部分，提示上司她做了什么重要的工作，完成了哪一部分最为重要的环节。她把这一切都计较得很清楚，却总忽略别人所出的力，很少肯定别人。有时她还会暗示上司哪方面的工作某同事不擅长，生怕自己吃一点亏。同事觉得她太精明，高高在上，不好相处。而一个缺乏协作精神的人是不适合做领导的。"

很多职场中的女性都认为，在老板面前，尽量显示出自己出色的能力，就会得到老板的青睐，进而很快获得加薪升职，一切顺理成章，可是她们却完全忽略了专业知识、工作才能之外等处世为人的软性因素，事事把一时的利益得失置于首位，"凭什么让我吃亏了"是她们行为的潜台词，这就是聪明反被聪明误了。这样的聪明就有些过火了，过火的聪明就成了让人反感的精明了。人们往往会在背后评价某个女人，这个女人太精明了！既然是放不到台面上的话，可见不是什么好话。鲁迅先生就曾说过："一个人'不通世故'，固然不是好话；但说他'深于世故'，也不是好话。"精明让一个女人失去了可爱，失去了大方，失去了温柔等充满弹性的特质。

小芳是一个二类本科毕业的大学生，刚进公司的时候，根本没有人多加留意这个相貌平凡的小女孩。可是三年后，她却比很多当时是名牌大学毕业的人获得了更高的职位。然而小芳的提升却让公司上下觉得很自然。她踏实肯干、业绩突出是一方面，另一方面她在一些关键时刻所表现出的聪明做法也给上司和下属留下了非常好的印象。公司开会的时候，同事说错了一组数据。小芳知道这一组数据会影响下面的发言，可是她不能当场指出，因为那样会让同事难堪。于是她用短信提示，同事及时纠正了错误，事后同事也很感谢小芳的提醒。同样，婉转的提醒也让上司十分满意。

做聪明的女子，不做精明的女人。聪明的女子善于调节自己，开朗热情，有感染力，才华内敛，不争先恐后，有本事，有人格魅力，更有人缘，懂轻重，识大体，是职场中的中坚力量，甚至是核心分子，更是善于经营漂亮日子的"生活家"。聪明的女子比之精明的女人，前者更多了几分通透，后者则显出心机；前者让人感到舒服愉悦，后者只会让人别扭生厌。

做一个适度的
完美主义

在人际交往和工作中,一些女孩总是希望自己是人群中最完美的那一个。她们过度注重自己的形象,注重别人对自己的看法。她们会在聚会结束后,回想自己在聚会中的表现,以及自己说过的每句话,害怕自己的哪句话给别人留下不好的印象,甚至会为自己刚才不小心做出的一个不雅的姿势而感到难为情。

一些女孩也许确实做到了"完美",她们是朋友、同事中最风光、最美丽的那一个,还有帅气、阳光、工作也相当不错的男友陪在身边,每次都能赢得女伴们羡慕的目光。可是,她们真的赢得了大家的喜爱吗?

不知道这些凡事都追求完美的女孩有没有注意到,你身边还有这样一群女孩:她们长得不漂亮,甚至有着严重的缺陷;她们在人前大大咧咧,放声大笑,从来不隐讳自己的糗事和缺点;她们有时候还会说脏话……可是,她们身上却有着让人快乐和令人喜爱的魅力。你再想想,别人会介意她的那些缺点吗?不,有很多人喜欢她,因为和她在一起很开心,不会感到拘谨,可以畅所欲言。你不必担心自己的风光被她抢尽,却只会同她一起疯,一起快乐,一起不顾形象地开怀大笑。

小霞二十出头,是个不折不扣的完美主义者。她追求优秀,想把一切做好。她希望自己的人生可以到达辉煌,所以她在任何事上对自己要求都特别严格,不允许有一点瑕疵。可是不知为什么,自己努力了半天,做得够好了,工作上却没有做到多么让人刮目相看,生活也一点起色都没有。她实在想不通这是怎么了,老天对她一点也不公平。她觉得自己特别累,才二十几岁的她却像三四十岁的人似的常常感到力不从心。

年纪轻轻的小霞,生活状态怎么会成这个样子呢?她这么卖力地生活,结果却不尽如人意。除了机会和运气,这多少和小霞对于完美的认识,以及完美主义的生活态度脱不了干系。

适度地追求完美不是坏事,谁都希望做得更好。小时候,你曾因对一幅画不满意,撕了又画,画了又撕,最后这幅画受到老师的"严重"表扬。你也曾因为一身精致用心的装扮获得了很多人的赞赏。你曾经努力把每一件事都做到完美无缺。你的学习成绩无论是在初中、高中,还是大学都一直名列前茅。靠着这股劲儿,你把每一件事都做到让别人对你竖起大拇指。

很多时候，我们都对自己期望太高，什么都要做到最好。我们以为对自己要求越高，对美好的事物追求得越极致，人生就越成功。如果你善于观察、总结，就会发现事实并不如此。表面看起来相当能干，到头来却一事无成的人不在少数。

考试时，怕写错，想每个都对，做题的速度慢下来，收卷铃声响起，还有一少半题目没有答出来也只好作罢；自由发言，怕说错话，宁愿老师别叫到自己；搬了家窗帘没找到最搭的，所以迟迟没请朋友来玩；从小到大都想写的一篇文章始终没有动笔，因为构思还不成熟；怕讲错话，最后表达得越来越少，干脆变成了内向；害怕暴露缺点，少与人联系，干脆变成了自闭；没有穿戴满意，没理到最好的发型就不去约会……

是不是发现以上至少有一项是在你身上发生过呢？

事实上，苛求完美的负面作用会超过完美所带来的积极作用。为什么这样说呢？

首先，从客观来说，世界上本来就没有绝对完美的人、绝对完美的事。当你带着挑剔的眼光去看待人和事的时候，你只会一次次地失望。你对他人的高标准期待只会让他们产生心理压力——你的男朋友受不了你随时随地的指责，他觉得无所适从；你的同事无法与你搭档共事，因为你成天神经紧绷，紧张兮兮的。他们和你相处很累心很乏味。

其次，追求完美会让你把一件简单的事情变得复杂，在做任何一件事情之前都让你觉得没有退路。你设立了一道高的门槛，夸大了目标，变得不切实际；对细节不断地补充修剪使你迷失了大局，十分钟可以完成的任务延长到半小时甚至无限，完全不考虑有没有必要，捡了芝麻而丢了西瓜，使生活低效，二十几岁的青春消磨在了小题大做上，完美成了一种负担。

再次，正如以上所举的那些事例一样，追求完美的你总是等待一个完美时刻的到来，总是想等所有的客观条件成熟、自己的能力到达完美的程度才开始做一件事；而这个完美时刻会让你无限期地等待下去。这样，完美实际上阻碍了你的行动。

最后，生活中很多事是不以自己的意志为转移的，我们应该学会接受那些不能改变的、那些不完美的，给自己留一点余地。勉强的完美不如真实的瑕疵。就好比写错了字，为了完美，你用橡皮使劲擦，非要擦得一点痕迹也没有，结果反而擦出一个洞，擦破整张纸，以前写好的也得撕掉，最后只好返工，得不偿失啊！

有一点瑕疵又有什么关系？我们尽力了就好。适度的完美主义，才是一个成熟的女人应秉持的态度。何况人无完人，尤其是作为女人，有点小瑕疵，才更显得真实可爱。

以战斗的姿态
迎接每一天

丁丁是我的发小,她是个理疗科医生,母亲非常强势,在母女关系中处处占据上风。丁丁一过十八岁,母亲就在挑选结婚对象这件事上,和她约法三章。不能找比自己年龄小的,不能找个子比自己矮的,不能找外科男医生。

因为她父亲就是比母亲年龄小、个子矮的外科医生,他们是一辈子的欢喜冤家。她男友恰恰是一个比她小三岁,医学专业的学生,最要命的是他的个子不高,这些都戳中了母亲的死穴。因此,当她把男友正式带回家时,她母亲大发雷霆,气得在床上躺了半个月。尽管母亲以死相逼,她还是毅然和男友结婚了。

丁丁妈还恨恨地说:"早晚有你后悔的时候!到时候别哭着回来找你妈!"

丁丁妈说女儿疯了，可丁丁却说，人生在世，总要做几次疯狂的事，人不拼命枉少年。

她丈夫毕业后做了外科大夫，她们母女之间的约法三章彻底成了一个段子。但是，她为了爱情，甘做"拼命三郎"的故事却在我们的圈子里流传开来。

细数他们家族，好像有不少人都是"拼命三郎"。

她堂妹，一个90后大学毕业生，现在在一家外贸公司工作，入职不到一年，销售成绩是许多同事用五十年都没有得到过的。上大学时她就是个销售能手，五一、十一黄金周，其他同学都忙着出去玩，她却千方百计地寻找商场和超市促销员的工作。这样做既可以赚钱买衣服，又可以积累社会经验和人脉。

堂妹爱说爱笑，是个招人喜欢的乐天派，人际关系的融洽是她成功的必要条件之一。但熟悉她的人都知道，敢打敢拼的"硬汉精神"才是她业绩领先的秘诀。

丁丁说堂妹特别能吃苦，特别擅长打硬仗。她上高中那会儿数学很差，高二升高三的时候期末考试只考了43分，成为全班的笑话。看到成绩单后，她决心拼一把，那会儿正是暑假，她依然保持着同平时一样的学习强度。除此之外，她还拿出自己积攒多年的私房钱，请父母帮她报了一个很贵的辅导班。拼命了一个暑假，她的数学成绩终于赶上来了。高考时，她如愿以偿地考入了理想的大学,学了市场营销专业,最终,以应届优秀毕业生的身份进入了一家知名外企。

堂妹很有热情,工作起来冲劲儿十足,这让丁丁自愧不如。丁丁有时候会对堂妹说:"你可真是努力啊,锋芒毕露,可能会死得很惨。"怕堂妹不信,她还特意举了个例子。

那年,医院里来了一位海归,是国外知名大学医学博士,她很能干,也非常能吃苦,但情商比较低,人际关系糟得令人头疼。她工作起来很勤恳,加班是常事,还以同样严苛的标准要求下属,结果遭到众人的排挤和打压,最终不得不黯然辞职,去了另一家私营医院。

"所以,别那么拼,差不多就行了!"丁丁说。堂妹听了,莞尔一笑,"人家都说,在生活里,在感情里,退一步海阔天空,但在职场上退一步真的也能海阔天空吗?我们都渴望自己成为职场上呼风唤雨的女主角。但事实上,如果我们不努力,就连女二号,甚至备胎都不是,说被甩就被甩,毫无回旋的余地。与其被动挨打,还不如拼尽全力,自己做大做强,成为真正的勇者。"

这样不是很好吗?凡事追求极致,不随便宽慰自己,充满情怀地投入,以战斗的姿态迎接每一天。这样的人从来不甘于平庸,也注定不会失败。社会上有不少人,都是"差不多先生",工作只做八分,汗水只洒几滴,他们看似不在乎前程,不看重功名利禄,其实不过是投机取巧式的自我宽慰。

还有不少人,总是很排斥拼命的人。其实,他们害怕的是对方的努力会将自己甩得更远。更有甚者,就在这种"差不多"的循环当中白白浪费机遇,幸运女神从来不会垂青一个懒惰的人。

不达目的誓不罢休的活法,是一种高质量的活法,它拒绝凑合,反对应付,而是倾我所有,去抵达最好的结果哪怕狂风暴雨,哪怕荆棘密布。

女人经济独立,
才有本钱谈人格独立

她嫁了,嫁了一个有钱人。从此,她不再每天起早贪黑地奔波在路上;不再因为上司阴沉的脸小心翼翼;也不再为了吃穿用度而发愁。老公每天赚来大把的钱供她消费,保姆帮她料理好所有家事,她穿梭在商场、美容院和家之间,用打麻将消遣时光。

生活很安逸,可再舒适的日子,过久了也不免乏味。尤其是她已经30岁了,丈夫公司新进的职员,都是20多岁的女孩。曾经,丈夫夸耀她漂亮、能干,可现在他们之间的话题越来越少,就算穿再昂贵的衣服,丈夫也不过多看上两眼,一句赞美的话也没有。出席活动时,她只能听到丈夫对业内那些成功女士的恭维,听到他向自己介绍,那女人有多么多么了不起……她心里很失落,甚至涌起了自卑。她不知道该怎么表述这些心情，只会在回到家后大发脾气。一哭二闹三上吊，起初还有点效果，可用的多了，丈夫也习惯了，任她无理取闹，自己躲清静去了。她觉得自己要窒息了。

终于有一天，她收拾好行囊，一个人离开家，去了陌生的地方。她以为，见不到自己，丈夫会很着急，会给她打电话，会给她的朋友打电话，四处询问。可惜，这只是她幼稚的幻想。丈夫是打电话过来了，可说的是公司忙，这两天不回去了。在陌生的城市里，她觉得很冷。她住进一家最昂贵的酒店，想着第二天到四处走走。

这样的旅行，实在不开心。平日里出门，都有司机接送，不用操心路该怎么走。现在，一切都要靠自己了，她分不清东南西北，拿着地图看，却看不懂。有些人跟她搭讪，她吓得心慌。最后，只得打个出租车，去了当地的名胜古迹，而后又打车去了机场。

终于回来了。可是，望着眼前的大房子，她的心又沉下去了。她觉得很讽刺，自己就像是透明蜜罐里的蝴蝶，透过玻璃看外面一片光明，可实际上却无路可走。

或许，这就是现实版的"娜拉出走"，她与《玩偶之家》里的主人公没什么分别，一个丧失了独立生存能力的女子，她的生活可想而知。

在爱情里，女人真的需要好自为之。你的主角永远是你自己，他的出现，只是因为你选择了他。不管他是谁，陪你走到哪儿，你都要让自己的戏隆重地演下去。就算他离开了，你缺少的也只是一个锦上添花的男配角。那份来自生命深处的掌声，那份给予自己生存和幸福的能力，始终在你手里。

生活里，还有一些女子，像一株攀援的凌霄花，借着爱人的高枝炫耀自己，以为这一生的幸福就是"我是谁的谁"。可惜，谁的谁不代表什么，谁的谁也不那么重要，女人的未来，由自己决定。

三年前的聚会上，许慧出尽了风头。她与读书时判若两人，短发变成了波浪大卷，看起来妩媚多姿。席间，她不停地询问周围的朋友：买房了吗？你爱人做什么工作？有没有计划到澳洲玩一圈？乍一听，还以为她只是和阔别多年的老友叙旧，可是很快，她的真正用意就曝露了。

接过某朋友的话，她故作轻描淡写地说："我爱人下个月要调到澳洲了，以后连周末档夫妻都做不成了。"这话听起来总让人不舒服，她是在抱怨，还是在显摆？她在感情上的态度很明确：与其在江湖上不分昼夜地辛苦厮杀，到头来还不知道是悲是喜，倒不如安安静静地找一个好依靠。她总说："我是谁不重要，重要的是，我得成为谁的谁，这个'谁'，包含着许多附加条件——爱我,有钱,有地位,能为我提供优越的物质条件,能为我提供更好的发展平台……"这个"谁",决定着她的未来。选对了,坐享其成,或是少奋斗几十年;选错了,背着压力过活,能不能熬出来还是个迷。

果然,有人接茬说:"你可以申请一下跟着去喽。我就命苦了,欠着银行几十万的贷款,什么旅行度假,什么珠宝首饰,这辈子跟我无缘了,这就是命!你命好,我们可比不了。"

成为谁的谁,真有那么重要,依赖着一个人就能改变下半生?或许,只是女人潜意识里让这种想法先入为主了,总觉得"干得好不如嫁得好"。

三年后再聚首,许慧已陷入感情危机。养尊处优地过了两年,丈夫给了她一纸离婚协议。她怎么也想不明白,当初那个费尽心思追自己的男人,才过两年就这么绝情,还闹到要和自己离婚的地步。她说,一定是他爱上了澳洲的那个女秘书,那女人没有自己漂亮,他就是鬼迷心窍了。

其实,没有谁鬼迷心窍。许慧的丈夫说起这件事,也是满腹委屈。当初追求许慧,喜欢的是她高贵的气质,多才多艺,还有那份独立的姿态。可婚后的她,把全部重心都转移到他身上了,这份爱让他很有压力。至于那位女秘书,不如许慧漂亮,可是干练独立有主见,他欣赏这样的女人,可是与爱无关。

许慧是不理解的。她歇斯底里，做了很多荒唐事，怀疑丈夫，指责丈夫，侮辱丈夫，让他背上"负心汉"的名声，弄得周围人都以为是他对不起她。丈夫说，她"疯"了。如今，他与她彻底分居，等着离婚。

生活的故事总能被写进小说，小说的故事总在生活里上演。

亦舒在《我的前半生》里，写了一个叫子君的女人。她毕业后就嫁给了自己的丈夫，平静地度过15年之后，丈夫有了外遇，要和她离婚。回想15年的婚姻生活，她除了消遣娱乐带孩子，什么也没做。没有社会经历，也没有工作。

15年后，韶华逝去，爱人背叛。一切该怎么收场？唯有自己站起来，才能重新开始。重生是痛苦的，要打破原有的习惯，要去融入新的环境。可人是万物之灵，一番挣扎之后，她在残酷的现实里找到了一方自己的天地。

再次与前夫相遇时，她已经焕然一新。没有伤心感怀，没有凄凄切切，勇敢地抬起头，走着自己的路。大步行走的她，没有浓妆华服，没有多余的饰品，但从头到脚散发着优雅自然的神态。连她的背影，都让前夫感到留恋，他觉得自己当初做错了选择。

几十年前，鲁迅先生就用一篇《伤逝》告诉世间女子：无论遇到什么样的情况,最重要的就是独立。有独立的经济能力,有独立的思想,才能独立生存。女人不能永远做一个依附在橡树上的常春藤,因为生活时刻在变化。

第五章

一见钟情靠缘分，
细水长流靠智慧

创造属于自己的
爱情传奇

老爸老妈今天又因为一件鸡毛蒜皮的小事争执了一番，最后当然以老妈的完胜结束。晚上7点，两个人又一起出去遛弯散步了，我自然被他们留在家中，美其名曰"看家"。这对欢喜冤家，似乎永远少不了别扭，可又总是离不开对方。结婚26年，冷战也好，吵架也罢，对方就得在面前碍着眼心里才踏实。这样一算，他们两人一起度过的日子已经远远超过各自生活的日子了，年轻时吵吵闹闹，中年时相互扶持，还要再一起慢慢变老。一直觉得这两个"活宝"是越来越像小孩子了，不过似乎也只有两个人在一起才会生出这么多或喜或悲的事，让这个家庭的生活多姿多彩，永远不乏乐趣。记得之前问老妈说："照我们家的不稳定情况，一般孩子早就变得很孤僻，很暴戾了吧，我怎么还是这么正常呢？不太合常理啊……"话没说完便招来一顿暴打,并被指责不理解他们之间的情趣。说来也奇怪,再伤心,回到家心情总能好起来,即使他们有时搞不清状况火上浇油,也总能把情绪发泄出来。家,总是一个让人牵挂最深、最割舍不下的地方。

听父母的情史:据说当年,老爸靠一句"你跟着别人我不放心",将妈妈留在了身边,再后来就有了我。现在,再也没有听过一个男人说过这样的话。也许因为现代人怕被拒绝,怕受伤;也许因为怕破坏两人关系的平衡;也许因为自己许不起未来,没有信心担负起这样一句承诺;也许因为相信心灵相通不用表达;也许……有多少也许,就扼杀了多少可能。什么时候开始,暗恋成了美好,暧昧成了艺术?

现在母亲会经常和我说,真的不明白我们现在的年轻人究竟是怎么想的,每天把爱挂在嘴边,却不知道爱究竟是什么样的。其实什么爱不爱的,两个人能在一间屋子里生活几十年就是感情。"少年夫妻老来伴"自有它的道理。在如今的社会里,原本许多通过婚姻才能得到的乐趣,很容易就可以得到。结婚对于很多人来讲,变得越来越无关紧要了。有些年轻人甚至视婚姻为儿戏,动辄就拿婚姻作赌注。在很多年轻人心中,"白头到老"只是一句祝福,只是一句曾经神圣的语言。他们从没想过,人总会有老的那一天;也从没想过,年老的时候有个伴儿,是多么的幸福。

　　静下心来，想想父母他们那个年代的爱情，也许并没有多少风花雪月的浪漫，但是他们却能做到"执子之手，与子偕老"；也许他们并没有多少花前月下的奔放，但却能在岁月的沉淀中把自己的感情升华，成为再也不能割舍的亲人。也许他们的字典里从来没有"婚姻是爱情的坟墓"的概念，因为对他们来讲，婚姻才是爱情的开始。他们的婚姻里有的只是：包容，理解，体贴，适应！现在的我们经常会想象最美好的爱情就是和自己心爱的人一起慢慢变老，其实母亲和父亲的婚姻就是这样。也许真正到了老的时候我们才会发现，其实爱情很简单，爱一个人也很简单，用心就好。用心经营自己的生活和爱情，即使开始很坎坷，最后我们还是可以收获最美好的幸福。有人说，婚姻是勤劳者的福利，是懒惰者的枷锁，是堕落者的镣铐，是浪子回归的家园，是芸芸众生的心灵归属。我想与你一同找寻这份归属，时间和行动可以证明一切！

　　我想起之前妈妈重病期间，我见到那个从不弯腰、从不流泪的男人默默地低泣，我看到那个开朗外向的女人撒着娇，只接受爸爸的喂食喂水。那一刻，我见到了陌生的父母，却又恍然明白了那些支持着他们一直走下去的宝贵的东西——深厚的爱与无条件的信任。他们已经成为彼此的主心骨、顶梁柱，那一刻，我似乎真正明白了什么叫作"少来夫妻老来伴"。他们从来不说，但是他们心意相通。

年少时有过卿卿我我，有过磕磕碰碰，有过坎坎坷坷，有过吵吵闹闹，有过曲曲折折，老了才明白原来夫妻的最终意义就是彼此为伴。何苦在年轻时彼此苛求，彼此折磨，彼此较量？陪着每个人走过人生旅途最后一程的，很可能就是与你朝夕相处的老伴儿。网上看到有人介绍一个珠宝品牌，叫Darry Ring，翻译过来就是"戴瑞"。它的特别之处在于，只有男性可以购买，并且凭借身份证一生只能购买一次，女性不能购买。也就是说，一个男人这辈子只能送给一个女人一枚Darry Ring。很多人没有勇气买这样一枚戒指，因为他们不懂，不懂"一生一世一双人"的温情，不懂"执子之手，与子偕老"的美好，不懂珍爱一生，不懂"少来夫妻老来伴"的幸福。

突然想起刚教会老妈网上种菜的时候，她老种西瓜和梨，就算等级升高了也依然只种这两样水果。我说："你干吗老种这两样啊，升级好慢。"她回头"啊"了一声，说："我不知道呀，我就种你爸喜欢吃的水果呀，他老抽烟嗓子也不好。"

在工作之后，同事平均的结婚年龄都在30岁以上，还有一部分人表示并不急着结婚。晚婚或不婚似乎成为了普遍现象，这里既有社会原因，也有个人观念原因。从社会现实来看，现在的结婚成本高,比如房子,车子,嫁妆彩礼,结婚典礼,宴请宾客,蜜月旅行,以及结婚之后潜在的成本。所以想要"正常"地结婚,一部分人选择努力奋斗积攒资本,等到条件成熟时却已经进入晚婚一族;一部分人选择家庭父母的资助,承担"啃老"的标签,并承担起房贷车贷和未来养儿养老的压力;还有一部分人则一直在奋斗的路上而忘记了结婚的念想……另外,现在人普遍生活压力大,工作压力、人际交往压力、赡养父母的压力、城市的高成本生活压力等等,这一切都如同一张大网,把人们密密实实地包围起来,可以呼吸,却时时喘不过气。结婚意味着两个人,甚至两个家庭的结合,当自己一个人都自顾不暇的时候,又谈何经营一桩婚姻呢?人类最初结婚是为了抵御风险,繁衍生息,而现在人们已经能够充分独立生存,一个人也可以活得很潇洒很精彩。那么,为什么还要再"自找麻烦"呢?当一个人比两个人更容易生活的时候,你会如何选择呢?面对这样的社会现实时,晚婚甚至不婚也变得顺理成章了。

随着经济基础的发展,人们的观念也发生了巨大的改变,离婚变得容易,同居变得普遍。那么你从婚姻中能得到什么呢?有人说,能从婚姻中得到最大利益的那个人,才是最想结婚的那个人。婚姻带给我们的最大利益到底是什么呢?其实,你怎么看待和对待婚姻,婚姻就会带给你什么。你认真对待婚姻，付之以责任、爱和包容，它会是你最安全的避风港，是你最可靠的家和最甜蜜的归宿。如果你敷衍对待婚姻，待之以随意、冷淡，甚至充斥谎言、背叛，它会是你最大的污点，是你摆脱不掉的争吵和冰冷的负担。爱是世界上最美好的东西，我们却常常把它拒之门外。当"少年夫妻老来伴"成为孩子们再也读不懂的历史时，那才是真的悲哀吧！

人若只爱自己，怎样来温暖彼此？那些不在的岁月，再也无法抒写了吧？那些传说中的寻找，再也走不下去了吧？我们听不见来自心灵的规劝，就这样在功利的道路上越走越远，离真正的生活也越来越远。我们追逐的东西常常是得不到的，到头来竹篮打水一场空，一切都成了水中月镜中花。当你的一切都无人分享时，那些又有什么意义呢？当你的躯体变得冰冷，世间却无人令你牵挂，也无人怀念起你时，身外之物又能带来什么慰藉呢？

何不勇敢一次，品尝一番婚姻生活的甜美与辛酸，生命的神奇不正是在于这些美妙的各种各样的滋味吗？其实很多人的婚姻生活就是这样，也许当初的浪漫和激情早就归于平淡，可是最动人的画面不就是白发苍苍依然携手前行？最深刻的感情不就是平平淡淡之后的不离不弃？情深似海抵不过沧海桑田，经历了时间的考验，才是真的深情。这年头，当一个人为你花了很多心思,就为博你一笑,就为让你生活得更好,这就是感情。那些永远以工作忙碌为借口的人,其实只是因为不再爱或者不够爱罢了。在爱情面前我们同样都是长不大的孩子,不分年岁,不论阅历。我们不应该奢望能从爱情中得到什么,更不应向它索要什么,因为它本身就是被赠予的礼物。

爱尔兰的法律规定,男女结婚后即不许离婚。男女结婚时需在教堂里互相承诺:"只有死亡让我们分开。"男女双方在结婚时,可以协商婚姻关系的期限,从1年到100年不等。期限届满后,若有继续生活的意愿,可以办理延期登记手续,否则婚姻关系自动解除。办理结婚登记的费用,也因婚期的长短而不同:如果婚期为1年,需要2000英镑;如果婚期为100年,则仅仅只需要0.5英镑。还有一件耐人寻味的事情:婚期不同,结婚证书也是不一样的。婚期为1年的新人,得到的是厚如百科全书般的两大本结婚证书,里面逐条逐项列举了男女双方的各项权利和义务,可谓一部完善的家庭相处条例;而婚期为100年的新人,得到的结婚证书只是一张纸条,上面写着市首席法官的祝福——

尊敬的先生、太太:

我不知道我的,

左手对右手,

右腿对左腿,

左眼对右眼,

右脑对左脑,

究竟应该承担起怎样的责任和义务。

其实他们本来就是一个整体,

只因为彼此的存在而存在,

因为彼此的快乐而快乐。

这就是爱尔兰著名的一百年约定。这世间有很多人愿疼惜我,可我需要的,仅有你一个。你的世界可以有很多人,可我的世界,仅有你一个。一生一次不离婚的婚姻,是不是很有吸引力?一场圆满的婚姻应该是带给你安定和不离不弃的情感,让你学会承担责任和分享乐趣。

人生本是一场孤单的旅行,有人相伴岂不是一件美事?有人因你的快乐而快乐,因你的悲伤而悲伤;你因他的喜悦而喜悦,因他的痛苦而痛苦。唯有这样,才能真正感受到你不是独自一个人。在一起,陪你一生的只有你的伴侣,其他人做不到,哪怕父母、儿女也做不到。"我欲与君相知,长命无绝衰。山无陵,江水为竭,冬雷震震,夏雨雪,天地合,乃敢与君绝!"细数过去,何不坐在一起一边听那些永不老去的故事,一边创造属于自己的传奇!

三思而行，
不要为了结婚而结婚

自从闪婚族们有了这样的宣言——在快节奏的时代，2秒钟可以爱上一个人，2分钟可以谈一场恋爱，2小时可以确定终身伴侣。此后，闪电般的相识，闪电般的火花，闪电般的完婚，就不再是一场不可触摸的神话。

好莱坞女明星蕾妮·齐薇格和乡村歌手肯尼·切斯尼，当年在维京群岛的海滩上，举办了一场低调的婚礼。他们表示，彼此间是一见钟情，闪婚不足为奇。结婚的时候，他们并不了解对方，只是凭借感觉。结果，这段婚姻仅仅维持了4个月，就以离婚告终。

切斯尼后来说："现在，我才知道，为什么那些经典的老情歌里会这样写道：'我们结婚时内心火辣无比，比胡椒粉的味道还浓郁，感觉就像是发烧的大脑一样发烫。'回想那段经历，我也有这样的感觉得。结婚,真的应该是一件非常慎重的事,不可随便。"

世间为了一时的感觉而冲动结婚的人,实在太多。

春晓,80后女孩,一张娃娃脸让快30岁的她看起来还像个孩子。事实上,她不只长得像孩子,她的心智也完全像个不成熟的孩子,尤其是在感情上。

23岁,她和心动的男孩半开玩笑地打赌。"你敢不敢娶我?"男孩说:"谁怕谁呀?"就这样,两个人去民政局领了一张结婚证书。领证第二天,两个人因为生活琐事争吵不休,一气之下又跑到民政局换了一张离婚证书。虽然之后他们又重归于好,但年轻时的爱情总有太多的不确定因素,最终他们还是因为家庭背景差别太大成了陌路。

25岁,她又坠入情网。男方没有正式工作,是个爱音乐的文艺青年。她喜欢他,完全是沉醉于他在弹琴唱歌时的样子。现在想想,也许那只是一份好奇,一份新鲜感。可当时她已经没有理智了,文艺青年为了搞音乐,根本不去上班,甚至还有点愤世嫉俗。她是个世俗的女孩,想到要买房,要结婚,要钻戒,要婚礼,可在文艺青年的脑子里,似乎这些都太俗。他们谈了两年,也互相折磨了两年。最后,又以分手告终。

28岁,她结婚了。一切都那么突然,一切都那么意外。结婚登记那天,她就像去超市买东西一样平常,丝毫没有快乐之感。对方是经人介绍认识的,双方家里人都同意,她似乎对爱情和婚姻没什么憧憬了,说自己被爱情伤透了,遇到差不多的就嫁了吧。婚结了,房有了,蜜月度了,剩下的日子,她只是跟爱人培养感情。可是,她对他完全没有感觉,能不能培养出感情来,她也不确定。她只是觉得,如果再跑去离婚,实在是太丢脸了。可走到这一步,又能怪得了谁呢?

启蒙思想家卢梭曾说:"我不仅把婚姻描写为一切结合中最甜蜜的结合,而且还描写为一切契约之中最神圣不可侵犯的契约。"婚姻不是儿戏,也不是衣服,随便凑合就行了。和什么样的人在一起,决定着今后几十年过什么样的生活。

记得曾有人这样讲,人生是寻找爱的过程。每个人的一生都会遇到四个人,第一个是自己,第二个是你最爱的人,第三个是最爱你的人,第四个是共度一生的人。你会遇到你最爱的人,体会到爱的感觉;因为懂得被爱的感觉,你才能发现最爱你的人;当你经历了爱与被爱,学会了爱,才知道什么是你最需要的,而后遇到最适合你的、可以共度一生的人。这个过程细腻而漫长,急不来,总得要时间来考验。如果没遇到,那就静静地等待,不要盲目,不要凑合。

2007年,50岁的女作家铁凝结婚了,这让整个文坛都为之一惊。她遇到了这一生最对的人——燕京华侨大学的校长华生。

早在1991年初夏,铁凝34岁时,她冒雨去看望女作家冰心。冰心问她:"你有男朋友了吗?"她说:"我还没找呢!"当时,冰心已经90岁的高龄了,她语重心长地对铁凝说:"不要找,你要等。"

这一等,就是十几年。直到50岁,她才与华生结为伉俪。在之前的感情空白期,铁凝一直记着冰心的话,静静地等待,没有刻意去寻找。在等待中,华生出现了。

他们两人曾经一起去过江苏的金山寺。金山寺有一块匾上刻着"心喜欢生"四个字,意思是说,心喜悦了,快乐就来了。他们在苏州的山塘街一起听评弹,感受着陆游与唐婉的爱情。虽然人到中年,可他们依然心怀柔情。在千百年的爱情绝唱中,他们相视一笑,心有灵犀。能在茫茫人海中,找到灵魂伴侣,这是一种怎样的幸福。

爱情,从来都是百转千回的。美好的东西,总要沉下心来等待,才可以得到。因为不甘寂寞而开始的恋爱,只会让心灵更空虚;从一开始就将就的婚姻,很难将就一辈子。一份好的婚姻,应当像铁凝说得那样:"婚姻应该会更丰富滋养人的内心,而不是使它更苍白或更软弱。"那些随随便便开始的爱,带着遗憾开始的婚姻,显然是无法实现这一点的。

在爱的路上，每个人都要好自为之。不要刻意追求爱情，也不要为了结婚而结婚。遇到一份真感情就好好把握，若那个人没出现，就慢慢等待。或许，在下一个转角，你就能与他不期而遇，谱写一曲爱的奇迹。

爱不应该变成沉重的负担

慌乱的城市里,到处流行着破碎的恋情。一对即将结婚的恋人,无奈走到了分手的边缘。

男人和女人是相亲认识的,方式有点老套,可没想到彼此一见倾心。热恋时,女人总对男人说,谁和谁去马尔代夫了,谁的丈夫年薪几十万,谁的男友父母是高官。虽然,她从未说过一句嫌弃男人的话,可她说话时流露出的那份艳羡,还有说完后的一声叹息,就像一根锋利的刺,深深扎进了男人的心里。

谈及结婚的事,女人没有异议,男人却说再考虑考虑。这一考虑,结局就成了分手。其实,男人的条件也不算差,虽够不上富足,可也算得上不错。只是,他觉得自己承受不了女人给的压力。

后来,男人对家人提及分手的原因时,说道:"我要是跟她在一起,这辈子估计都不会开心,她也不会开心。她没有直接向我要过什么,可她总在不停地说别人多好,别人多幸福,这很伤我的自尊,让我觉得,她跟我一起,委屈了她,给不了她幸福。我可以承受生活、工作的压力,可爱人带给我心理上的失败感和愧疚感,我真的受不了。我理想的对象,不需要多漂亮,不需要多有钱,可至少她能跟我一起快乐地面对'我们的生活',而我也会为了她,为了我们的未来,努力打拼,尽量给她想要的所有。"

有一首名为《女人不该让男人太累》的歌是这样唱的:"我找不到天堂,也摘不到月亮,对不起让你失望,你的渴望对我是很难。太多人比我强,也承认我平凡,我已经拼命追赶,你的眼神请别那么冷淡。就算再付出,我都撑得住,我不怕辛苦,苦到什么地步,只要你满足,但你何时满足?爱得好累,真的好苦,女人不应该让男人太累,虽然你是我的一切,也别让我感觉爱你很可悲;爱得好累,真的好苦,从来你不见一句赞美,就算我做的都白费,至少自尊让我保留一点。"

故事里男人的肺腑之言,还有这一段入情入境的歌词,想必已经道出了所有男人的心声,尤其在失意落寞、得不到理解的时候,更是能从中找到共鸣。与此同时,女人也该好好反思一下:在爱情里的你,究竟在扮演怎样的角色?你真正站在爱人的角度替他想过吗？你给他的是温暖的关怀，精神上的交流，还是冰冷的嘲讽与怒骂指责？

每个人的能力都有强弱，性格、天赋、机遇都不一样，不要拿最高的标准或是别人的标准来要求你的男人，更不要以自己的意愿去强迫他做能力以外的事。在这个竞争激烈的环境里，想要一夜之间出人头地是不可能的。男人只能默默承受着巨大的压力，慢慢地在生活中寻找机会。

这个过程可能是漫长的，也是艰辛的，期间会遇到各种各样的难题。脆弱的时候，他们希望爱人能给自己一点信心；失意的时候，希望爱人能给自己一个安静的空间。身为另一半，你得多给他点理解，多给他点尊重。

男人原本就已经很累，再承载如此多的要求和压力，前进的脚步会更沉重，情绪会更焦躁，更加力不从心。换个角度想想，若是他让你一夜之间变得身材曼妙，才华出众，你会不会觉得他在无理取闹，或是故意刁难？人心，都是一样的。

年前，她携丈夫参加了大学同学聚会。席间，诸位女同窗说起自己的爱人，夫贵妻荣，春风得意。唯有她的丈夫，只是普通的老师，默默地在岗位上奋斗着。

聚会回来后，丈夫心里有点不舒服，虽然她从未说过要他如何如何的话，可他心里明白她对自己是有期望的。他也希望她能在同学朋友面前风光无限。自那以后，他开始主动参与学校的行政管理，希望获得更广的发展平台。

在行政管理方面，他做得确实不错。可随着应酬的增多，他没以前那么开朗了，经常暗自叹气。她对丈夫说："实在累的话，就别做了，当个老师更适合你。"

他如释重负："你会不会觉得我不上进？别人的老公都出人头地了，你跟着我十多年了，连套大房子都没有呢！我怕你心理不平衡，想努力改善一下现在的生活。"

她笑着说："我巴不得你飞黄腾达啊！不过，我不愿意让你勉强自己，过得不开心。有钱的人如何，住大房子又如何？咱们一家人现在开开心心的，我觉得挺好。"

就这样，丈夫又做回了老师，他工作勤奋、用心，每年都获得优秀教师的称号。后来，一所重点学校的校长，看重了他的能力，聘请他去做任课老师。到任三年后，他靠着踏实的态度，赢得了领导和同事的好评，成为市级先进教师，担任了年级组长一职。

生活本来就令人疲惫，当男人为家庭打拼时，不要再让他太累了。把心放宽一些，让男人的步伐走得轻盈一些，你得到的会比预期中的更多。正如这个睿智的女人，用她的善解人意，她的支持，她对名利的淡泊之态，吹散了爱人心中的阴云。

爱本是一件美好的事，遇到一个相知相爱的人，也是莫大的幸运。只是，幸运之余，还要懂得经营，别让爱情变成沉重的负担。和你牵手相伴的男人，或许不是世上最美好的，可他却是愿意为你承担责任的人；或许不是你心中的白马王子，不会驾着七彩祥云来娶你，可他却愿意跟你脚踏实地的生活；或许不能给你名车洋房，可他却无时无刻给你关爱和温暖；或许无法分秒陪在你身边，可在你最脆弱的时候他却能为你撑起一片天。和这样一个人相爱，纵然他不帅、不富有、不浪漫，可那又怎么样呢？幸福，本就无须太多修饰。只要两颗心紧密相拥，安然地守住这份幸福，从相遇到故去，此生足矣。

少点儿唠叨，
用倾听表示信任

几乎所有女人都想知道一个秘密：幸福婚姻和普通婚姻之间的区别在哪儿？对此，美国作家米勒给出了一个颇有趣味的答案：一天中有三四件事情不说。乍一听，觉得有点莫名其妙。可细细琢磨，就会发现，它确实是真理。

婚后，女人往往抱怨得太多，眼里尽是丈夫的缺点，挑剔他不够浪漫，嫌弃他没有情调，数落他陋习太多。事实上，她们是想用这样的方式表示自己的"爱"。爱上一个男人，并与之共同生活，女人总觉得自己有责任帮助男人成长，改善他的做事方式。然而，这种做法并不奏效，多数男人听到抱怨的声音后，都会觉得厌倦，会不假思索地想要逃离。

那些幸福而充满智慧的女人，从不会如此咄咄逼人。她们知道一意孤行是徒劳的，与其花时间在丈夫面前唠叨，不如想办法让他主动在自己跟前说话。生活中遇到磕磕绊绊的琐事时，她肯定会耐心地让爱人把话说完，用平和的姿态表示出自己倾听的兴趣，让爱人的自尊心得到满足，感到自己说话有价值。往往这个时候，爱人亦会把眼前这个善解人意的她，当成自己的知己，缩短两人的心灵距离。

狄斯瑞利曾说："我一生或许有过不少错误和愚行，可我绝不打算为了爱情而结婚。"他是这样说的，也是这样做的。35岁时，狄斯瑞利向一位年长他15岁的寡妇玛丽安求婚。他不是为了爱情，而是为了玛丽安的钱。玛丽安知道他的心思后，要求他等待一年，她要多了解一下他的品性。一年后，他们结婚了。

因为金钱而结合的婚姻，向来不被人所看好。可出人意料的是，这桩婚姻后来竟然被人们称颂为最美满的婚姻之一，还令不少人羡慕。

玛丽安不年轻，也不美丽，但是有一样，她却是天才，那就是知道如何维护自己的婚姻。每次狄斯瑞利筋疲力尽地回到家中，玛丽安都不会盘问，也不会唠叨，家里有的只是温馨和宁静。每次狄斯瑞利从众议院回来，跟她讲述白天的见闻时，她都微笑倾听，并对他的想法和建议表示赞同。她支持自己的丈夫，也信任自己的丈夫，只要他努力去做的事，她就相信不会失败。

狄斯瑞利觉得，跟年长的太太一起生活，是他最愉快的时光。玛丽安成了她的贤内助，她的朋友，她的顾问。有一天，狄斯瑞利对玛丽安说："你知道吗？我和你结婚，只是为了你的钱。"玛丽安笑着说："是的。可如果你再一次向我求婚，一定是为了爱我，对吗？"狄斯瑞利点头承认了。

他们两人共同度过了30年。玛丽安觉得，她所有财产有价值的原因，是因为给了狄斯瑞利安逸的生活；而狄斯瑞利则认为，玛丽安是他心目中真正的英雄，他恳请女皇封授玛丽安为贵族。

试想一下：倘若玛丽安终日抱怨狄斯瑞利，说他贪图财富，没有真感情，那么狄斯瑞利可能从一个不相信爱情的人，转变为愿意为了爱而结婚吗？倘若玛丽安闹得家里终日不得安宁，那么狄斯瑞利还有可能在事业上一展宏图吗？正因为她聪明，她善于倾听，从不抱怨，才让爱情和生活都获得安稳，才让丈夫把她视为知己。

回顾我们周围，有些女人付出了许多，可生活却越来越偏离预想的轨道，再看玛丽安，她言谈不多，却得到了所有女人想要的东西。这就是问题所在。男人需要的，不是听女人唠叨自己付出了多少，受了多少委屈，他们要的是一个聆听心声的人，要的是一点体贴的举动。这样的女人，能够帮他消除所有怨气，并让他乐意用一生去呵护和尊重。

不抱怨的女人之所以过得幸福，也是因为她们深谙男人的心思。有些女人总觉得，给爱人提供忠告是爱的表现，却不知道男人心里从不这样理解。在男人的世界里，如果谁冒失地给自己提建议，就等于认定他没能力做好事情，或者是暗示他不知道该做什么。除非他主动请求，否则任何的建议和帮助，都是对他们自尊的伤害。睿智优雅的女人恰恰了解这一点，所以她们绝不会唠叨抱怨，而是用倾听表示信任，满足男人的英雄情结。

当然，倾听也是有技巧的，不是保持沉默用耳朵听那么简单。如果你只用眼睛或耳朵接受文字，不用心洞察爱人的心意，那就达不到倾听的目的。

真正的倾听，是用耳朵，用眼睛，用心。爱人说话的时候，你要及时地用动作和表情给予回应，让他知道"你在听"，传递给他一种肯定、信任和鼓励的信息。期间，你也可以适时适度地提问，让他知道你关注着他所说的话，有利于双方的心灵沟通。当他说话的内容很多，或者因为情绪激动，语言表述比较混乱时，你也不要随意打断他，要继续耐心地等他说完。

而后,有什么建议和想法,再婉转地告诉他。

  上帝给我们两只耳朵,一张嘴,就是要我们多听少说。要想成为一个会爱人且值得人爱的魅力女人,就得明白倾听的妙处,它是对彼此间的尊重,也是维持爱情温度的一种方式。

时光不会倒流，爱情覆水难收

男孩和女孩是一对青梅竹马的恋人。

有一天，男孩和女孩去逛街，路过一家首饰店的时候，女孩看到摆在玻璃柜里一条金项链，依依不舍。男孩看得出来，她很喜欢。况且，女孩的皮肤很白，配上这条项链一定会很漂亮。可是，他摸摸自己的钱包，脸红了，只好故意装作不知道女孩的心思。

几个月后，女孩的生日到了，他们叫了三五好友一同庆祝。饭桌上，男孩喝了不少酒，而后拿出送给女孩的礼物，正是女孩当初看上的那条心形的金项链。女孩高兴得吻了一下男孩的脸。过了一会儿，男孩憋红了脸，搓着手，低声地说："不过，这项链……是铜的……"声音不大，可在场的朋友也听见了。

女孩的脸腾地一下涨红了，把准备戴到脖子上的项链揉成一团,随便放进了牛仔裤的口袋里。她端起酒杯,大声地说:"来,喝酒!"那一晚,直到宴会结束,她都有没再看男孩一眼。

不久后,女孩结识了一个浪漫而富有的男人。当他一次又一次把闪闪发光的金银首饰戴到女孩身上时,女孩那颗爱慕虚荣的心被他俘虏了,她觉得自己遇到了对的人。很快,他们在外面租了一间房子,然后同居了。男人对女孩百依百顺,女孩庆幸自己选择了他。

然而,幸福的日子没能持续下去,在女孩发现自己怀孕的同时,男人竟然失踪了。

房东再一次催她缴纳房租时,她只好带着所有的金首饰去了当铺。当铺老板眯着眼睛看了一下,说:"你拿这么多镀金首饰来干什么?我这里不收的。"女孩愣住了。接着,老板的眼睛一亮,扒开一堆首饰,拿出最下面的那条项链,说:"嗯,这倒是一条真金项链,还能当一点钱。"

女孩一看,那不正是男孩在生日宴会上送的那条"铜项链"吗?当铺老板掂量着那条项链,问她打算当多少钱时,女孩什么也没说,一把夺过那条项链就走了。

安意如曾说:"在爱中蓦然回首,那人却在灯火阑珊处。寻找和等待的一方都需要同样的耐心和默契,这份坚定毕竟太难得,有谁会用十年的耐心去等待一个人,有谁在十年之后回头还能看见等待在身后的那个人?我们最常见的结果是:终于明白要寻找的那个人是谁时,灯火阑珊处,已经空无一人。"

多么令人感怀的一段话,多么令人揪心的一段话。多少女人,在拥有的时候,在置身于福中的时候,却以为幸福会在下一个路口等着她们,便满心欢喜地向那里奔去,可抵达后才发现,那不过是海市蜃楼,再想回过头走一遍来时的路,却已经迷失在了街头;就算有幸找到了来时的路,那里的风景也早不复当初。

婚姻登记处,工作人员让一对新人填写信息的时候,准新娘却突然惊慌失措地跑开了。

这个逃跑的新娘叫方怡。她与他相识于微时。

读书时,他曾向她表白,漂亮傲气的她,根本不把他放在眼里。面对男孩炽热的告白,她不屑地说:"我是不会跟你在一起的,我们不是一个世界的人。再说,你这么不起眼一个人,凭什么追求我?"

他不生气,认真地说:"就凭爱,谁都有爱的权利。"她没想到,看似平庸的他,竟然会说出这样的话。她盯着他看,然后漫不经心地说:"那你就耐心地在后面排队吧!"

那时,她喜欢的是一个像风一样的男子。终于,在毕业前夕的舞会上,风一样的男子向她表白了——"我爱你,我想和你在一起。"她被折服了,折服于他的帅气、他的阳光、他的阔气。她紧紧地与他拥抱在一起,心甘情愿地被他牵走那颗骄傲的心。回眸中,她无意间瞥见了他,维护爱的权利的他,在欢呼中默默地走开了。

毕业之后,风一样的男子漂洋过海去了美国。留给她的,只有无尽的相思。她迟迟等着远方的萧郎,而追求她的平庸男孩依然不离不弃,他问她:"现在,我在你心目中有位置吗?"方怡被他感动了,决定和他在一起。

可是,到了真正决定要相伴一生的时候,方怡却从登记处逃跑了。她明白,感动不能代替爱情,她不能因为感动而结婚。她给他发了一条信息:对不起,请给我三年时间。

之后的三年,方怡还在思念风一样的男子。最后的一年,她也试图跟另外的人恋爱,可那个男人却在酒后打了她。这时,她突然无比怀念那个爱了她数年的他。那一刻,她知道,她其实早已不爱风一样的男子,她爱的只是曾经的感觉。

她朝着车站冲去,一路上不停地对自己说:"我要站在他面前,大声地告诉他,我要嫁给他。"她想,他听到这番话一定很惊讶。

可是,他开门的时候,她分明看到,他身后站着一个漂亮的女孩。男孩给她介绍:"这是我女朋友,她来给我过生日。"

她微微一愣,淡淡地说:"我出差路过这里,来看看你……"

送她离开的时候,他说:"我等了你十年,可你始终没有给过我确定的答案,也始终没有记住过我的生日。我,不想再等下去了,现在的她对我很好。"

方怡转过身,眼泪挂满脸颊。她执着于风一样的男子,把自己困在其中,却错过了最可贵、最该珍惜的感情。可是,还能怎么样呢?回头,已无路可退。

生活就是这样,你选择了离开,它也不会因此而止步。或许有时,你会幻想时光可以重来一次,那样的话就可以重新选择一切,面对相同时间里发生的相同故事,不会再重蹈覆辙,不会再走眼前的心路。可惜,时光不会倒流,就如流水一样,永不可能流向高处。

女人,你若不珍惜,没有谁会一直在原地等你。花开堪折直须折,莫待无花空折枝,这个世界上最长久的幸福,叫做珍惜。

幸福的
感情靠"经营"

灰姑娘住进了华丽的城堡,从此与王子过上了幸福的生活。

这一段美妙的童话,令无数女子动容。几乎每个女子,都希冀着能够有那样一场美妙的爱情。可是,有谁知道,麻雀变凤凰的背后,也有着豪门深似海的无奈?又有谁知道,童话里那所谓的幸福生活究竟是什么模样?

醒醒吧,爱做梦的女人们!灰姑娘的幸福,始终是一场童话。遇见了王子,不一定是美好的开始;步入了婚姻,也不等于会一辈子幸福。

萧伯纳曾说:"此时此刻在地球上,约有两万个人适合当你的人生伴侣,就看你先遇到哪一个。如果在第二个理想伴侣出现之前,你已经跟前一个人发展出相知相惜、互相信赖的深层关系,那后者就会变成你的好朋友;但是若你跟前一个人没有培养出深层关系,感情就容易动摇、变心,直到你与这些理想伴侣候选人的其中一位拥有稳固的深情,才是幸福的开始,漂泊的结束。"

也许这番话有些晦涩难懂,可细细品读,就会发现它是在传述幸福婚恋的智慧。遇到谁、爱上谁,不需要努力,但要持续地爱一个人,让一份激情变成稳固的深情,就必须用心培养。结婚不是幸福的开始,经营才是。女人不要太钻牛角尖去寻觅幸福,而是要把精力用在经营幸福上。

有一对年过半百的夫妻,经济条件还不错,本该安享退休生活,可却闹到了离婚的地步。原因是,结婚20多年来,两人争吵不断,意见总有分歧。办完手续后,律师请两人吃饭,服务生送来一道烧鸡,先生把他最喜欢的鸡腿夹给妻子,妻子却瞥了一眼说:"我很爱你,可你这些年太自以为是了,从来不顾别人的感受。难道你不知道,我这辈子最不爱吃鸡肉吗?"

当天晚上,先生因为后悔离婚,打电话给妻子。妻子知道一定是他,便故意不接。第二天,患有心脏病的先生被发现死于自家客厅,手里紧握着电话。后来,妻子在整理遗物时,发现抽屉里有张保险单,投保日期就是他们的结婚日,受益人是她。虽然金额不多,但她还是很感动,也很意外。

保单里面,夹着一张字条:"亲爱的,当你发现这张保单时,也许我已经不在这个世界上了,但我爱你的心不变。这些保险金将代替我,继续给你爱与关怀。"看到这里,妻子哭红了眼睛。

婚姻就像培育一朵花,有一个漫长的过程,需要你精心地去呵护、去浇灌,还要不时地松土施肥,剪叶裁枝,这样花才能常开不败。

世界上,不存在天生就适合结婚的两个人。任何一段婚姻都是需要用心经营的,女人唯有经营好自己的婚姻,才能够与爱人幸福地相伴一生。有人说,世间有两种女人:一种女人无论嫁给谁都会后悔,这倒不是说她们见异思迁,而是她们本身就不懂得经营婚姻的方法,遇到问题就只知道埋怨对方,怀疑对方;另一种女人,无论嫁给国会议员还是普通的工人,都会幸福一生,因为她们懂得用一份真挚的爱去维系婚姻关系,用包容和理解去经营自己的生活。

刚结婚的时候,她觉得自己是老天的宠儿。六年之后,这个曾经暗暗为自己遇到一个好男人而庆幸的女子,却对生活、对婚姻充满了厌倦。甜言蜜语、浪漫情调,在昼夜更替的岁月里,像是从人间蒸发了一样,只剩下枯燥、单调与乏味。

她对母亲说,不如当年一直单身,陪在她身边。母亲听闻后,问她心里在想什么,她一五一十地说出了自己的感受。母亲很淡然，似乎这样的心情她也曾有过。母亲说道："这个世界上，任何一段婚姻都是这样，夫妻两个人就像是亲人，不可能一直像恋爱时那样。男人应该有自己的事业，做妻子的也要理解他。过去，他对你很体贴，现在他不过是换了一种方式来爱你，他在为你、为孩子打拼，给你们稳定的生活。这种爱，不是更深刻吗？我和你爸爸结婚32年了，可我们之间依然像过去那样。婚姻，是要用心经营的。"

经营，这个词语她听过无数次，看过无数次，却从不知道该如何经营。她问母亲："这些年，您是怎么经营生活的？"母亲笑笑，缓缓地说，她只是坚持做了三件事。

第一件事，留余地。人都有个习惯，在争吵的时候，总喜欢说些伤人的话。虽然是有口无心，可这样很伤感情。最好的办法就是，刚起争执的时候，马上停下，谁也不再说话。这样的话，就不会说出那些可能会后悔的话。遇到问题暂时解决不了，那就先放下，别去管它，享受一顿美食，心情好了，矛盾也容易解决了。

第二件事，装糊涂。都说婚姻里的女人得"睁一只眼闭一只眼"，其实这就是要女人装糊涂。两个人的事，没必要太较真，非要把对方逼到墙角才罢休。婚姻里面，最伤人的表情，不是愤怒、痛斥，而是冷漠、鄙夷和不屑。照镜子的时候你自己也会发现,这样的表情有多难看。想要避免这样的表情出现,就得会装糊涂。糊涂,得心里有,若只是在脸上装,那是会露馅的。不是原则性的问题,就任它去吧,做点你喜欢的事,远比盯着男人的那点瑕疵要舒坦。

第三件事,要信任。女人渴望被爱,忌讳男人在感情上的背叛,这一点不管是灰姑娘还是女王,都是一样的。可既然结婚了,彼此间就要信任,尤其是女人更得信任丈夫。不要做捕风捉影的事,不要因为丈夫与异性交往就莫名地吃醋,你越是这么做,越是等于在往外推他。信任是经营婚姻最重要的一种能力,它是需要培养和修炼的。若女人具备了这样的能力,且男人也感受到了,就算真的有感情上的困扰,为了不辜负女人的信任,他也会约束自己。

听着母亲娓娓道来的"婚姻经",她突然觉得,眼前这位年近六旬的女人,有一种特殊的美。温和从容的脸上,挂着浅浅的微笑,透出一份宽容、一份娴静、一份幸福。

她突然发现,在此之前她根本没有看透婚姻和幸福的真相,可现在她领悟了,幸福都是用心经营出来的。婚姻是个漫长的过程,夫妻的相处也不是单纯地交给时间就能解决的。面对婚姻问题束手无策,不能只对丈夫指手画脚,还要懂得用爱、用心去维护,去珍惜,去包容。如此,才不会让生活变得乏味和空洞，才能让两个人之间的心理距离越来越近。

  其实，婚姻就是如此。既然当初是因爱而步入围城，就不要轻易地怀疑自己的选择。女人该有一种能力，不管他是国会议员，还是建筑工人，都有能力让自己幸福，让家庭幸福。这种能力的名字，叫作"经营"。

长久的婚姻需要
相互适应与包容

出嫁前一夜,母亲语重心长地对她说:"世上没有圆满的婚姻,你要记着他的好,包容他的坏。"

沉浸在幸福与兴奋中的她,嘴上说着知道,其实心里并未真的明白。或许,许多事都如此,他人的教诲只当是一句话,唯有亲身饮下那杯水,才知冷暖,才知咸淡。

日子一天天过,那份兴奋与激动早已淡化。三年后的某个夜晚,她终于"爆发"了。

劳累了一天的她,回到家里想喝一口热水,却发现饮水机是空的。坐在沙发上,本想躺下来歇会儿,却看见了他的袜子团成一团扔在那儿。她说了太多次,脏衣服放进卫生间的脏衣篓,可他就是听不进。凌乱的卧室,凌乱的客厅,凌乱的厨房,凌乱的心。

做晚饭时,她不小心把手切了,鲜血直流,眼泪止不住地往外冒,一肚子委屈。她索性关了火,把切了一半的菜丢在案板上。她冲洗了一下伤口,到药箱里找药。路过梳妆镜时,瞥见一张憔悴而充满怨气的脸。她觉得,婚姻就是爱情的坟墓。

房间里没开灯,她一个人坐在黑暗中。九点钟,他加班回来,吓了一跳。他打开灯,跟她开了句玩笑,之后又问:"晚上吃什么?"说着,往厨房走去。

她面无表情地说:"我为什么要做饭?这样的日子我受够了。我想离婚。"

他在厨房里炒菜,喊着:"你说什么?我听不见。"

她又重复了一遍。这一次,他听见了。

他走出来,问道:"好好的,怎么说这个?"

她冷笑着说:"好好的?你觉得好,有人给你洗衣服做饭,有人跟你一起还房贷。可我觉得不好,我累了,不想这么过了。"

第二天,她把离婚协议丢到桌上,让他考虑。之后,她就回了娘家。

一周之后,他打电话给她,说同意离婚。只是,想跟她一起吃个饭。他的声音有点低沉,能听出些许的伤感和无奈。她以为自己得到这个结果会如释重负,可没想到心里却涌起一阵难过,想到:"他就这样不吵不闹地同意了?"

他们相约在一家湘菜馆。几天不见,他瘦了,长满胡茬的下巴看起来略微发青。他拿出那份离婚协议,给了她。她的眼泪在眼眶里打转,从今以后,真的要各自天涯了吗?

"好了,点菜吧!上一天班,这会儿肯定也饿了。"他的语气柔和了许多,眼神仿似恋爱时那般温柔。她对服务员说:"一份水煮鱼,一份香辣虾。"这两样菜,是她平时最爱吃的。

他笑着说:"能不能给我个机会,点个我喜欢吃的。"

"你不爱吃这个嘛?"她觉得很奇怪。

"你忘了,我是上海人。我喜欢吃甜的。在一起这么多年,我一直吃的都是自己不太喜欢的东西。可是,你喜欢,我也就跟着吃了。"他笑着说。

她的心像刀绞一样疼,一种愧疚和自责涌了上来。这些年,她从没有主动问过他喜欢什么,她以为只有自己在付出,可谁曾想到,他竟然每天都在迁就自己。

他说:"离婚之后,这里的东西都归你,我只带走几件衣服。"

她脸上挂着眼泪,问:"你要去哪儿?"真的要告别了,她再也控制不住自己。她只想着,离婚后自己要怎么过,却从未想过他要怎么过。

"我想回上海。我的父母年岁大了,身边也没人照顾。每次与你全家一起吃饭的时候,我都很想念我的父母。只是,你喜欢这个城市,你的家在这里,我才留下来。你以后自己过,肯定辛苦,所以我把这里的一切都留给你,房贷还有一部分,我会继续还。"他不像是要离婚,更像是要远行。

她心里很自责,也很不舍。这个与她一起走过六年的男人,一直忍受着各种不愉快,包容着她的各种不完美,在离婚时还在替她着想。她为自己的言行感到愧疚,她说:"你为什么不早点告诉我?"

"唉,我不想让你操心,也不想让你为我改变什么。"

"你……可以不走吗?"她哭着说。

最后,他们牵手从餐厅走出。此时,她忽然想起母亲当年说的那番话:"记着他的好,包容他的坏"。回家的路上,她想到那个有点脏、有点乱的家,没有了厌烦,有的只是温暖和思念。

婚姻是一种缘分,也是需要用心呵护的。你身边的爱人,总有这样那样的不完美,总会有细枝末节不符合你的想象,但如果彼此之间有爱,那就不要轻易说出离婚的字眼,更不要觉得离开了这一站,下一站会更好。

一位女性朋友,婚后总埋怨丈夫懒,脾气坏。每天吵吵闹闹,彼此都烦了,也就分开了。后来,她又结婚了。可情况似乎还是不怎么好。最初看着顾家又勤快的男人,婚后不久就露出了懒惰的一面,家务活一点儿都不做,还喜欢喝酒。她觉得自己命苦,总是遇人不淑。

  偶然的一次机会,她在某朋友的公司开张庆典上见到了阔别已久的前夫。他也结婚了,携同妻子一起参加。看他现在的妻子说话的口气,她似乎对他很满意,说他很会疼人,顾家,有事业心。提及缺点,她笑着说:"就是有点懒!不过,谁还没个缺点……"

  是啊,谁还没个缺点呢?她心里似乎有点后悔,同样的一件事,同样的一个人,别人看到的都是闪光点,自己却一直盯着那些瑕疵。难怪,别人笑脸盈盈,自己却一脸惆怅。

  《非诚勿扰》里有一句台词:"婚姻怎么选都是错,长久的婚姻,是将错就错。"之所以说怎么选都是错,其实就是说什么样的选择都不完美。然而,长久的婚姻,就得要接纳不完美,相互适应,相互包容。当婚姻走过了激情期,唯有安静的忍耐和包容,才能让幸福恒久绵长;唯有记着对方的好,包容对方的"坏",才能在夕阳下执子之手,与子偕老。

抱着平常心，安稳地走下去

不知从何时起，人们习惯在富有和幸福之间画上等号。只是，感情的事可遇不可求，纵然有衣食无忧的想法，可遇到了真爱的人，也就放弃了最初的那些条条框框。只是，这份原本美好的心境，往往会在柴米油盐的岁月打磨里，渐渐模糊。曾经爱情至上的姑娘，可能在十年之后，变成了唯利是图的妇人；曾经不计贫寒的清高女，可能在二十年之后，变成了以钱取人的母亲。

尽管，在这个物欲横流的时代，贫穷固然会降低生活的质量，但是婚姻的质量，并不是用金钱来衡量的。更何况，人生那么长，这一步或许走得坎坷，可谁能保证下一步就不是平坦的大道？毛阿敏有一首歌唱得好："就让美好慢慢来，岁月一浅一深走过来……"日子本就是两个人的，好与坏在于经营，贫与富只是现状,有心有爱的女人,无论贫穷富有都会好好过,她们相信——我想要的,岁月都会如数给我。

岑岚和华子恋爱的时候,家里人再三阻挠,说他家里穷,跟着他会受苦。华子跟岑岚提出了分手,说不想耽误她,让她找个更好的。岑岚何尝没有想过未来的日子,可她心里真的看中了这个人。她说:"我们现在没有的,以后会有。如果就这样分开了,我会后悔一辈子。"

一起奋斗的日子是艰辛的。岑岚经营着自己的小店,华子在一家装潢公司上班。为了攒钱,他们每天吃最便宜的豆芽菜。生活不富裕,可华子还是舍得花上千元给岑岚买戒指。

夏天的时候,他们住的平房太热,两人吃过晚饭就到附近的公园散步。看着灯火通明的世界,看着一栋栋高挺的楼房,华子说:"希望以后这里有一扇属于我们的窗户。"岑岚笑笑,说:"不着急,什么都会有的。"

没过两年,城乡建设推进,他们住的那一片拆迁了,分了两套房子。岑岚和华子都没想到,一心想要的房子,突然间就这么来了。他们搬了新家,将房子装修得温馨静好。附近的拆迁户搬家后都急着装修,华子做了多年的装潢也有了路子,自己开了一家装潢公司。就在那两年,他"翻了身"。岑岚的服装店,也扩大了规模。

十年之后,他们已经成了这座城市里的中产。一路趟过风雨,他们俩人的心变得更紧密。或许,谁也没想到,从前生活在那个矮小平房里的他们,竟把日子过得那么令人艳羡。岑岚觉得自己很幸福,这份幸福与物质无关,而是她内心对幸福的笃定和坚持。每每想起和华子一起奋斗的那些年,她都会说:"那时候真穷,但真幸福。"

现在,岑岚的车里总是放着一首歌,那是她跟华子最喜欢的旋律:"我们都说过无论以后怎样都要好好的,不要忘了当初有些天真许下的承诺。当你不开心时让我为你唱首歌,就算再大的风雨,手拉手一起走过。我们都说过无论贫穷富有都要好好的,不要忘了当初我们的路是怎样走过。当你伤心的时候,请对我诉说,等到老的时候一起看日落。"

当女人为了金钱不停地抱怨、焦急时,心会越来越浮躁,什么事都会变得不顺。用一颗平常心看待,就算现在处境不佳,可心态平了,时间一天天过去,看似什么也没改变,可许久后当你再回头看时,每件事都变了。

退一步说,就算是此时什么都有了,可谁又能保证一辈子不会有变化?人生就像天气,总是无常,唯有始终带着一份温和平静的心态,安于自己的选择,平心静气地做好自己该做的事,才有可能得到自己想要的。

曾经,她是个让人羡慕不已的女人:丈夫是当地有名的企业家,她在公司做财务,日子也算是过得风生水起。可惜,世事难料。谁也没想到,合作多年的生意伙伴竟然为了一己私利坑了他们。一夜之间,公司从富丽堂皇变成了一副空壳。遭遇这样的变故,她痛苦,也想不通,人心为何会如此险恶?更让她心寒的是,从前来往频繁的人,看到他们现在的窘状,都躲得远远的,生怕跟他们沾上一点关系。一时间,她和丈夫都困顿了。

为了缓解压抑,她和丈夫择日去了郊外,想散散心。午饭的时候,她们来到一家馄饨店。老板娘热情爽朗,年纪和她差不多,发间还插着一朵栀子花——在这样的郊外,如此打扮的摊主实在少见。她想:这个女人一定是个有故事的人。

她和丈夫吃着馄饨,谁也没说话。吃着吃着,她突然掉了眼泪,觉得日子很心酸。她一个人到旁边假装远眺,老板娘却看出了倪端。那天客人不多,老板娘递给她一方手帕,没多问什么,只是淡淡地讲起了自己的故事:"十年前,我和丈夫也和你们一样,是令人羡慕的一对。他年纪轻轻就发了家,财富、地位、荣耀什么都有了,别人都说我命好,这辈子不用愁了。我也这样想过。可时间久了,我发现钱不是万能的,多了还是祸。他总是加班、应酬,每天都见不到人影。有天凌晨,交通队打电话告诉我,他出了车祸。"

听到这里,她看着老板娘。对方依然用平静的语气讲道:"当时,我又生气又伤心,觉得天都要塌了。他给我留下了不少钱,可我一直在想,如果我们不是别人眼中的富人,只是一对平常夫妻,哪儿有那么多应酬,哪儿可能明明两个生活在一起的人却很少见面?我们没有孩子,我用那些钱资助了一些贫困的孩子,之后又开了这个馄饨店。以前,他就喜欢吃我包的馄饨,可是有钱了之后,似乎再没时间吃这种普通的食物了。"

听完老板娘的故事,她陷入了沉思。坐在一旁的丈夫,无意间也听到了她们的对话,感慨颇多。她想到,优越的家境没了,可她的丈夫还在身边,她还能每天看到他,两人相依为命。丈夫想到,钱财是身外之物,生活还在继续,健康地活着比什么都重要。以前,总是忙于应酬,也很少顾家,现在能这么悠闲地跟太太吃顿饭,也很难得。

两年之后,他们相互搀扶走过了那段难熬的岁月。只是,后来的他们,对金钱和名利看得很淡,每年他们也会慷慨地资助一些贫困生。许多人又开始向他们投来羡慕的眼光,羡慕他们的坚强,羡慕他们携手并进的幸福。对此,她说:"过去的一切,让我突然明白了,不管经历了怎样的打击和变故,都不能焦急忙慌。无论贫穷富有,都要有一颗平常心,好好地生活。"

不管你现在的际遇如何,不管丈夫的际遇如何,请安然面对。改变不了环境,就改变自己;改变不了事实,就改变态度;控制不了别人,就把握自己。给自己和爱人定个合理的目标,然后抱着平常心安稳地走下去,不慌不忙,不焦不躁,总有一天,你会抵达幸福终点站。

寡味清欢，
享受平淡的日子

如果玩具是孩子心中的天堂，那么就是女人心中的童话。她们渴望轰轰烈烈，惊天动地，浪漫不俗，可婚姻的内容却是，柴米油盐，平淡如水，寡味清欢。

爱情，总是来得措手不防。Mimo没想到，一次偶然的旅途，竟遇见了让自己魂牵梦萦的男人。

Mimo沉醉在爱里，不愿再醒来。她痴迷于他温柔的双眸，喜欢被他牵着，走在灯火斑斓的街头。她有过怀疑，幸福来得是不是太突然了？可就算突然，就算只是昙花一现，她也心甘情愿被淹没。

很快，他们结婚了。很快，Mimo的幸福感消散了。原来，生活是那么的繁琐，怪不得偶像剧和爱情剧里，总是演到女主穿上婚纱就告一段落，原来再继续下去，就会破坏所有的印象。

就像此时的他们,为了一点芝麻大的小事争吵不休;彼此间缺乏了解,经常各执一词谁也不肯退让,闹得全家不得安宁。冷战的日子,只有眼泪和孤独,还有一丝悔恨。

Mimo向闺密倾诉。起初,闺蜜会劝和,再后来,却只淡淡地说:"若真的无法继续,那就放手吧!""放得下吗?"Mimo问自己。她内心还是有太多的不舍。

昏暗的酒吧里,Mimo瘦弱的身躯,惹得闺密一阵爱怜。她想安慰,却不知道如何开口。此时,酒吧里播放着《罗密欧与朱丽叶》的曲子,和谐而至真的深情,延绵如流水。闺密说起了一个故事:

"意大利的维洛纳有一个小镇,那里有一栋平常的两层小楼,上面有一个普通的阳台,阳台上有一扇毫不起眼的门,旁边有一个常见的中庭,那里经常挤满了人。他们总要在阳台上摄影留念,年轻的恋人还在门上写下海誓山盟。因为,那是莎士比亚笔下经典爱情故事的女主角朱丽叶的家。

"每个相爱的人都希望拥有美好的归宿,希望像罗密欧与朱丽叶一样,爱得炽热、纯粹、毫无保留,成为传说中的向往与神圣的爱情。可是,如果罗密欧与朱丽叶没有殉情,他们最后做了一对平凡的夫妻,那么也逃不过柴米油盐、生儿育女,一切也就变得寻常了。爱不是只有轰轰烈烈,还有责任和付出,还有在浪漫逝去之后，一如既往地珍惜。"

Mimo凝望着杯中的酒，心中的苦瞬间融化了。她轻拭眼泪，莞尔一笑，对闺密说："谢谢你。"

再次相逢，也是两个月之后。Mimo挽着丈夫的手，两个人的脸上洋溢着幸福。相较之前，Mimo眉宇间多了一份释然和从容。闺密知道，那是尘埃落定之后的彻悟。

一位男作家说："真正的爱情，不是电视剧里演的那般执死缠绵，不是言情小说里写的那般一掷千金，它只是很平淡地存在于我们的生活中，熬得住平淡的人才守得住爱情。"

一位女作家说："爱情如果不落实到穿衣、吃饭、数钱、睡觉这些实实在在的生活中，是不容易天长地久的。"

可见，深谙婚姻与生活的男女都懂得，婚姻生活就是柴米油盐，平淡地度过每一天，重复着同样的事情，甚至心情都不会有多大的变化。只是，在平淡的生活背后，一丝丝细心的关怀，一次次的搀扶，却是任何甜言蜜语和海誓山盟无法替代的。爱，不只是用语言表达的。

一栋平常的家属楼里，住着一对老夫妻，男的是退休干部，女的是退休医生。他们的两个孩子，都已长大独立，各自成家。

入秋的傍晚，女儿回家探望父母，见到母亲又在翻晒萝卜干。其实，像他们这样的家庭，根本用不着吃腌菜。女儿说：

"妈,别弄了,天凉了。"母亲笑着说:"你爸就喜欢我做的萝卜咸菜。以前上班那么忙,我都给他腌菜,现在退休了,就更有时间做这些事了。"

看着翻菜的母亲,女儿突然心生感动。对于父母这样一起走过几十年风雨的夫妻来说,早已没有什么甜言蜜语,可那份爱却落在生活的每个细微之处,或许就在一块"萝卜干"上。

还有一对年轻的夫妻。平淡的日子,总让妻子觉得少了点什么。她告诉丈夫,这不是自己当初想象中的幸福。当时,丈夫什么也没说,也没做出什么表示。

妻子对丈夫的表现很不满,吼道:"一个连危机感都没有的男人,还让人指望你什么?"

丈夫问:"你告诉我,怎么做才能让你满意?"

妻子像个天真的女孩那样问:"如果我要峭壁上的一朵花,你会冒死去给我摘吗?"

丈夫摇摇头,说:"我明天再答复你。"

第二天早上,妻子醒来时,丈夫已经走了,只留下一张字条。

亲爱的:

原谅我吧,我不会为你去摘峭壁上的花。让我给你解释一下为什么。

你出门时总是不带钥匙,我要跑回家给你开门;你上网时总把程序搞乱,坐在电脑前发脾气,我得给你恢复那些搞乱的程序,还要安抚你的坏情绪;你喜欢旅行,可你是个路痴,我不得不陪着你;你累的时候总是痉挛,我得给你按摩,减少你的痛苦;你在家里总是害怕,我得陪在你身边,给你壮胆;你偶尔会觉得无聊,我要给你讲笑话,逗你开心。

我想,世上不会有人比我更爱你。我不会去冒死摘花,因为我不想留下你一个人。

信的下方,还有一行字:如果你觉得我说的对,那就把门打开。我像过去的每天一样,给你买了豆浆和老婆饼。

看到这里,妻子连忙跑去开门,全然忘了那悬崖之花。

许多时候,不是不爱了,不是厌烦了,只是还没有习惯生活的平淡。女人年轻的时候,总以为爱就得如花火般璀璨,殊不知,即便是曾经再轰轰烈烈、浪漫非凡的爱情,当最初的激情退却后,剩下的也只有周而复始的平淡。

真正的爱,是寂寞岁月中的相依相伴,是跌倒时的相互搀扶,是回首时不愠不火的慢慢诉说。当你看到一对互挽的老人在夕阳下漫步,一定都能闻到"执子之手,与子偕老"的幸福。

世事纷繁,相比大千世界、芸芸众生,我们不过是沧海一粟,如小草之于烂漫的春天,如小溪之于辽阔的海洋,如白云之于无垠的蓝天……这世上惊世骇俗者寥若晨星,多数人都难逃平凡的宿命。既然如此，为何不让自己享受这种平淡的日子，在平淡的婚姻中弹拨出亘古不变的幸福曲调，演绎出生命的从容和本真呢？